AF474380

ÉCOLE IMPÉRIALE FORESTIÈRE.

NOTIONS PRATIQUES

d'exploitation, de débit, de cubage et d'estimation

DES BOIS,

contenant une notice sur l'emploi des bois

DANS LES CONSTRUCTIONS NAVALES,

PAR

H. NANQUETTE,

Inspecteur des Forêts,

Professeur d'économie forestière.

Lith. L. Christophe Nancy

Chapitre premier.

Définitions.

Les produits des forêts se rangent en deux grandes catégories principales ; savoir :

Les bois de feu ou de chauffage ;

Les bois d'œuvre, ou de construction et de travail.

Les bois de feu ou de chauffage se débitent de quatre manières différentes :

1° En bois de quartier, ou bûches refendues ;

2° En bois de rondin, ou bûches non fendues, moins grosses que les précédentes ;

3° En fagots, ou faisceaux composés de ramilles, de branches et de quelques rondins ou quartiers ;

4° En bourrées, ou faisceaux renfermant exclusivement du menu bois.

Sous la dénomination de bois d'œuvre, on comprend les bois propres à tous les emplois autres que le chauffage. Ils se divisent en :

Bois de service et bois de travail.

Les bois de service sont ceux qui servent aux constructions civiles et navales. Ces bois s'appellent aussi bois de construction, bois de charpente, et bois de marnage ou de marronnage, quand ils désignent les bois à bâtir auxquels les usagers ont droit dans certaines forêts.

Les bois de travail ou d'industrie, comprennent les bois employés par différents métiers, tels que, la menuiserie, l'ébénisterie, le charronnage, la tonnellerie, la fabrication des sabots, &c. &c.

Les bois employés de préférence dans les grandes constructions civiles, sont ceux du chêne, du châtaignier, du pin sylvestre et du sapin.

Dans les constructions civiles, ordinaires ou commune, on emploie comme charpente, le chêne, le châtaignier, le sapin, l'épicéa, le pin sylvestre, l'orme, le sorbier domestique, le mérisier commun et le tremble.

Les bois de service destinés aux constructions navales, se désignent d'une manière générale, sous le nom de bois de marine. Les pièces ou signaux de marine reçoivent en outre différents noms, selon leurs dimensions et selon la forme qu'ils affectent ou qu'on peut leur donner en les travaillant.

A l'égard des bois qui peuvent être employés dans les constructions navales, nous lisons ce qui suit dans la dernière instruction (28 Juillet 1852) du ministre de la marine, relative aux recettes de bois dans les chantiers de construction de l'Empire :

„1° Toute pièce de bois de bonne essence et de configuration régulière, quelles que soient ses dimensions, est propre aux travaux de la marine. Le tarif de recette des bois de marine doit donc être un cadre complet qui permette de classer et de recevoir conformément à l'emploi dont elles sont susceptibles, toutes les pièces de formes régulières et de dimensions quelconques qu'offre la nature.„

„2° Les noms des signaux doivent indiquer autant que possible la configuration des pièces de bois et l'emploi auquel elles sont propres.„

3° Ces signaux doivent être groupés en catégories ou espèces, de manière à ce que la valeur des pièces de bois, soit graduée suivant leur degré d'utilité et de rareté.„

Nous donnerons la nomenclature de ces signaux ou pièces de bois telles qu'on les définit dans les chantiers de la marine, lorsque nous nous occuperons spécialement de la découpe et du débit des bois de service.

Parmi les bois de travail ou d'industrie qui se débitent dans les coupes, on distingue spécialement les bois de sciage et les bois de fente. Les premiers sont ceux que l'on débite à la scie pour les transformer en planches de différentes dimensions. Les seconds sont ceux dont l'emploi exige le procédé de la fente. Tels sont les douves de tonneaux, de cuves &ª les échalas, les lattes, les cerches ou planchettes très minces dont on fait les bordures des tamis, des boisseaux et autres mesures, &ª C'est encore avec du bois de fente que l'on fait des panneaux de soufflet, des pelles à four et autres, des attelles de collier, des bâts ou arçons de selle, des rames et des gournables.

Chapitre deuxième.

Abatage des bois.

Art. 1er. Abatage du bois dans les taillis.

Dans les taillis, l'abatage doit se faire avec des instruments bien tranchants, afin de ne pas faire éclater la souche et l'écorce qui la recouvre. Les perches ayant un décimètre de tour et au dessus doivent être coupées à la hache ; pour les brins plus faibles, il est préférable d'employer la serpe, afin d'éviter l'ébranlement et souvent la rupture des racines que le choc de la hache occasionne aisément. On peut même se servir, pour les tiges les plus minces, de la scie, en prenant la précaution de faire la section oblique à l'horizon. Ces précautions sont recommandées dans l'abatage des taillis, en vue d'assurer le mieux possible la reproduction des souches. (M. Lorentz, culture des bois, p. 318.)

En général, on coupe le plus près possible de terre, et l'on donne à la section d'abatage une forme telle que les eaux pluviales ne puissent séjourner sur les souches. C'est ce que l'on nomme exploiter en talus. Dans cette opération, les ouvriers dirigent la chûte des arbres de manière à les faire tomber les uns sur les autres, afin de ne pas embarrasser le bois qui n'est pas abattu ; ils doivent en outre prendre les précautions nécessaires pour ne pas encrouer les arbres qu'ils abattent, ni endommager les baliveaux réservés.

La saison qui serait la plus convenable pour l'abatage des taillis, est le moment qui précède immédiatement les premiers mouvements de la sève du printemps. On sait pourquoi. Mais la rareté des bûcherons et l'avantage d'assurer du travail à ces ouvriers pendant les plus mauvais temps de l'année, s'opposent à l'application de ce précepte et ont fait prévaloir l'ancienne habitude d'exploiter les taillis pendant le temps qui s'écoule entre le moment où la végétation s'arrête et celui où la sève commence à se remettre en mouvement. L'abatage a lieu, par conséquent, entre le mois d'octobre et le 15 avril suivant, époque à laquelle d'après le cahier des charges l'abatage doit être entièrement terminé. Quant au moment où l'abatage peut commencer, il est déterminé dans chaque localité et pour chaque coupe, par le permis d'exploiter, que le chef de service délivre aux adjudicataires, sur la présentation des pièces exigées par le cahier des charges.

Artᵉ 2. Abatage des bois dans les taillis à écorcer.

Pour les taillis qui s'exploitent avec faculté d'écorcer, le cahier des charges générales, fixe le terme d'abatage au 15 mai; mais il arrive fréquemment, surtout dans le nord et l'est de la France, des retards assez considérables dans la végétation, ce qui oblige le propriétaire à proroger plus ou moins le délai d'abatage.

Le chêne est la seule essence dont on exploite l'écorce sur une grande échelle en France. L'écorce de chêne renferme beaucoup d'acide tannique ou de tanin et sert au tannage des cuirs. Réduite en farine grossière dans des moulins spéciaux, elle prend le nom de tan.(1)

En général la qualité des écorces est d'autant meilleure que le liber a une épaisseur plus considérable comparativement aux couches corticales et à l'épiderme, car il paraît que le tannin est contenu dans le liber ou la partie vivante de l'écorce. Or cet organe est surtout développé dans les bois jeunes et à végétation rapide. C'est pour ces raisons que les taillis sartés fournissent des écorces si recherchées et qu'au contraire on estime peu les écorces des arbres âgés. C'est entre 15 et 40 ans, aux expositions du sud et de l'ouest et dans des terrains fertiles que le chêne produit l'écorce la plus estimée. Les écorces de bonne qualité doivent être lisses et brillantes à l'extérieur, rugueuses et comme armées de petites pointes à l'intérieur; leur cassure doit être blanchâtre.

L'époque la plus favorable pour écorcer le chêne est celle où la la sève du printemps est en mouvement. Cet espace de temps souvent très court est compris entre le moment où les bourgeons commencent à se gonfler et celui où les feuilles commencent à s'épanouir. Plus tard l'écorce devient plus adhérente au bois et plus difficile

(1) L'opération du tannage consiste à stratifier les peaux avec des couches de tan dans des fosses que l'on remplit d'eau. L'eau dissout l'acide tannique qui pénètre peu à peu les peaux, précipite la gélatine qu'elles renferment et forme avec elle un composé insoluble et imputrescible.

à détacher. On dit de plus qu'elle a moins de qualité que lorsqu'on la détache pendant les premiers mouvements de la sève. L'écorcement est toujours plus facile par un temps chaud et humide, que par un temps sec. Alors même que la température est élevée, et que la végétation est en pleine activité, les vents du nord et de l'Est apportent toujours un obstacle plus ou moins grand à l'écorcement. Lorsque la végétation est ralentie par une longue série de jours froids, comme cela arrive fréquemment dans les climats du Nord et de l'Est de la France; on est obligé de suspendre l'opération de l'écorcement, ou de la mener avec une telle lenteur qu'on ne peut quelquefois la terminer qu'au milieu de l'été, alors que les arbres sont entièrement couverts de feuilles. Dans ce cas, on est forcé de retarder plus ou moins le terme d'abatage. Si au contraire la végétation marche rapidement, on est intéressé à presser beaucoup l'opération de l'écorcement afin de la terminer dans les meilleures conditions, c'est-à-dire avant l'épanouissement des bourgeons.

Il résulte de ces diverses observations qu'il faut se hâter le plus possible d'écorcer le chêne, pendant le premier travail de la végétation. Il y va de la qualité de la marchandise et de l'intérêt de celui à qui elle appartient. Or on comprendra toute l'importance de ces intérêts, lorsqu'on saura que dans certaines localités où le bois se paie à des prix ordinaires, l'écorce de bonne qualité a souvent une valeur égale ou supérieure à celle du bois dont elle provient. Dans les forêts où on pratique l'écorcement, ce serait donc un fait grave de la part d'un forestier, que d'apporter des entraves quelconques à cette exploitation, et de ne pas accorder aux adjudicataires toutes les facilités compatibles avec les conditions qui doivent assurer la conservation et la reproduction des bois.

Pour faciliter l'opération, on autorise ordinairement l'écorcement du bois sur pied. Cette faculté accordée aux ouvriers leur permet de saisir les jours, les heures favorables pour hâter l'exécution de la portion la plus importante, la plus difficile et la plus chanceuse de leur travail, l'écorcement de la partie inférieure des tiges.

L'écorcement des branches de la partie supérieure de la tige est toujours plus facile ; elle se fait aussitôt que l'arbre est abattu, mais souvent un ou deux jours après que l'écorce du bas de la tige a été enlevée.

Comme on voit, cette opération demande à être conduite avec une certaine intelligence, et quand on la pratique sur une grande echelle, il faut avoir à sa disposition une quantité d'ouvriers suffisante pour pouvoir profiter des moments favorables à l'écorcement. On pratique l'écorcement du chêne de plusieurs manières selon les localités, et selon les dimensions des arbres à écorcer. Quand on écorce sur pied, on doit d'abord faire au pied des arbres et des perches, une entaille circulaire assez profonde pour arriver jusqu'à l'aubier. Cette coupure a pour but d'empêcher que la souche et les racines ne soient dépouillées de leur écorce, dont l'adhérence complète au bois est une condition indispensable de la production des rejets. Les ouvriers fendent ensuite l'écorce en longueur et par bandes, avec la pointe d'une serpe ou avec une lame quelconque, et la lèvent avec un outil en fer, en bois dur ou en os, qui a la forme d'une spatule. Cette écorce s'arrache depuis la coupure circulaire au bas du tronc, jusqu'au point le plus élevé où le bûcheron puisse atteindre. On abat ensuite les arbres pour en écorcer les parties supérieures qui n'avaient pu être atteintes. On expose pendant quelque temps les écorces au soleil, pour les sécher, puis on les lient en bottes. Il faut se hâter de les mettre à couvert ; car si elles étaient exposées à la pluie elles perdraient de leur qualité.

Dans les taillis sartés des Ardennes, on procède avec un peu plus de soin à l'extraction de l'écorce. L'ouvrier se sert à cet effet d'un instrument en os qui se compose d'un tibia de cheval, taillé en biseau par l'une de ses extrémités, et armé d'une lame courte, forte et bien tranchante à l'autre extrémité. (Voir fig. 1) Avec cette lame l'ouvrier fend l'écorce de l'arbre, d'un seul côté, depuis le point le plus élevé qu'il

Fig. 1

peut atteindre jusqu'à l'entaille circulaire qu'il a d'abord pratiquée au collet de la racine. L'ouvrier introduit ensuite le biseau de son instrument entre l'écorce et le bois, et en le passant alternativement de chaque côté de la fente, il parvient à détacher entièrement l'écorce sans presque produire de déchirures. L'écorce ainsi enlevée tout autour de l'arbre en un seul morceau, se contracte et s'enroule sur elle-même en forme de cylindre creux. On la dépose ensuite, pour la faire sécher, sur un lit de perches disposées en plan incliné. Moyennant cette précaution, et grâce à la manière dont l'écorce s'enroule sur elle-même après son extraction, la partie intérieure, celle qui renferme surtout le tanin, ne risque pas d'être lavée par les pluies. On traite de la même manière les écorces du haut de la tige et des branches que l'on n'enlève qu'après l'abatage de l'arbre.

Quand les écorces sont suffisamment séchées, on les nettoie à l'extérieur, avec un couteau ou un racloir, des mousses et autres substances qui pourraient altérer leur qualité et produire des moisissures. C'est alors seulement qu'on les lie en bottes pour les mettre en meules, ou les transporter dans un hangard où on les tient à couvert, jusqu'au moment où elles sont découpées en menus morceaux et réduites en poudre dans des moulins à tan.

L'écorcement diminue de quelque chose le volume du bois; on estime cette diminution au huitième en moyenne. Au surplus le rendement des taillis de chêne en écorce varie avec la situation et l'exposition.[1] Pour bien apprécier ce rendement, il faut comparer entr'eux des taillis de même âge et situés dans la même contrée; de plus il faut comparer les produits par leur poids, et non par leur volume en stères ou en fagots. C'est ainsi que l'on a trouvé, par des expériences faites dans une forêt des Ardennes que:

1° En plaine ou sur un plateau 1 stère de bois, donne 32 kil. d'écorce;

---

[1] La quantité et la qualité de l'écorce, dépend aussi, toutes circonstances égales d'ailleurs, de l'espèce de chêne qui peuple le taillis. Le chêne rouvre donne une écorce meilleure et plus abondante que le chêne pédonculé. Les ouvriers affirment de plus que l'écorcement du chêne rouvre est toujours plus facile que celui du chêne pédonculé.

2°. à l'exposition du midi, 1 stère de bois, donne 36 kil. d'écorce;
3°. à l'exposition du nord, 1 stère — id — id — 26 k. 75 — id —

Dans ces mêmes contrées, la vente des écorces se fait au poids; leur prix moyen est d'environ 8 à 10 centimes le Kilogramme.

Art. 3. Abatage des bois dans les futaies.

Dans les futaies, l'abatage des arbres n'exige pas les mêmes soins que dans les taillis, parceque la régénération devant avoir lieu par la semence, on n'a pas à se préoccuper de ménager les souches en vue de la production des rejets. Les arbres de futaie s'exploitent à la hache, ou avec une scie particulière que tout le monde connait et que l'on nomme passe-partout. Dans toutes les circonstances où l'on peut faire usage de la scie, il est préférable de l'employer, afin d'éviter la perte qui résulte de l'entaille que l'on est obligé de faire, lorsqu'on se sert de la hache. Cette perte est d'autant plus forte que les arbres sont plus gros, parceque la hauteur de l'entaille est plus considérable. Aussi, dans les localités où l'usage de la scie n'a pas encore pénétré, voit-on les bûcherons, lorsqu'ils y sont autorisés, déraciner les arbres à une certaine profondeur et commencer l'entaille au dessous du collet des racines. Cette pratique ne peut évidemment être généralisée que dans les coupes où elle ne peut causer aucun dommage aux peuplements environnants, dans les coupes d'ensemencement par exemple. Dans les coupes secondaires et définitives et dans les coupes d'extraction de vieux arbres en plein massif, on prend la précaution essentielle de faire ébrancher les arbres jusqu'à la cime avant l'abatage, afin qu'ils causent le moins de dommage possible par leur chûte. On fait de même dans les coupes de taillis sous futaie et dans les coupes d'ensemencement, pour les arbres qui en tombant, pourraient s'encrouer ou endommager les arbres réservés. On cherche en outre à diriger l'arbre dans sa chûte, de manière à le faire tomber du côté du sommet, afin d'éviter le plus possible de le briser.

La saison la plus favorable pour l'abatage du bois dans

les futaies, parait être la fin de l'automne et l'hiver. Pour les essences feuillues, il est à peu près reconnu que les bois coupés dans la saison morte sont d'une plus longue durée lorsqu'ils sont mis en œuvre, et il semble certain aussi, qu'employés au chauffage, ils brûlent plus facilement et donnent même plus de chaleur que ceux qui ont été abattus dans le temps de la végétation. Néanmoins, les expériences qui ont été faites à cet égard, sont encore insuffisantes pour fixer bien positivement l'opinion, au sujet de la durée des bois durs. On sait que la pourriture est un effet de la fermentation produite par certaines matières que renferme le bois. Ce fait peut donner à penser que si on abattait les arbres immédiatement après le développement des feuilles du printemps, le bois en serait meilleur; puisque les feuilles ont absorbé pour se développer, la plus grande partie des substances fermentescibles renfermées dans le bois.

Quant aux bois résineux, ils ne paraissent pas souffrir, dans leur qualité, de la coupe en temps de sève. Il est, au contraire, assez habituel dans les contrées que ces essences habitent, de les exploiter en été, et beaucoup de praticiens estimés sont d'avis qu'en prenant la précaution de les écorcer aussitôt après l'abatage, les bois gagnent même en dureté et en solidité, outre qu'ils deviennent plus légers, et par suite, d'un transport plus facile.

Après leur abatage, les bois prennent un retrait plus ou moins rapide, selon leur qualité, selon la saison dans laquelle ils ont été coupés, selon l'état de l'atmosphère dans les lieux où ils sont déposés. Cette contraction des fibres due à l'évaporation d'une partie des substances aqueuses que renferme le bois, occasionne des fentes qui peuvent être assez fortes pour altérer la solidité du bois et le rendre impropre à certains usages. D'un autre côté, l'évaporation de ces substances ajoute à la qualité des bois d'œuvre. Il importe donc qu'elle ait lieu lentement pour éviter des fentes trop fortes, et le plus tôt possible après l'abatage, pour préserver les bois, autant qu'on le peut, des effets de la fermentation. A cet effet, il est bon que les pièces destinées à donner du bois d'œuvre soient placées aussitôt après l'abatage en lieu sec et à l'ombre. Cette précaution est souvent très facile à prendre dans les coupes, et pour les grosses pièces difficiles à manier, on peut les mettre à l'abri des ardeurs du soleil en les couvrant de branches et de débris quelconques de l'exploitation.

Chapitre troisième.

Débit et façonnage des bois dans les coupes.

Art. 1er. Façonnage des bois de feu ou de chauffage.

I. Découpe des bois de corde.

Les arbres abattus sont débités en bois de feu ou en bois d'œuvre, selon l'usage que l'on veut ou que l'on peut en faire.

Les arbres, tiges et branches, que l'on convertit en bois de feu, sont découpés, partie en bûches de rondin ou de quartier, partie en rames destinées à entrer dans les fagots.

Les bûches de rondin ou de quartier sont découpées à la hache ou à la scie, selon les localités. L'emploi de la scie est préférable en ce qu'il n'entraine point de perte dans la découpe des fortes pièces. Les bûches sciées ont aussi une plus belle apparence dans l'empilement et présentent plus d'uniformité dans leur longueur. Les bûches les plus fortes sont ensuite refendues en bois de quartier, avec des coins de fer que l'on chasse dans le bois à coup de masse ou de merlin.

La longueur des bûches de rondin ou de quartier varie entre 1 mètre et 1 mètre 33 cent. avec les usages du commerce de chaque localité. Le rondin a ordinairement une grosseur comprise entre 6 et 12 cent.es de diamètre. Au dessus de 10 à

12 centimètres de diamètre, les bûches sont refendues sur place en bois de quartier.

On débite de la même manière le bois que l'on destine à la carbonisation, seulement on donne ordinairement au bois de charbon une longueur moindre, 60 à 80 centimètres environ et l'on fait souvent entrer dans le bois de charbon des rondins qui n'ont pas plus de 2 à 3 centimètres de diamètre. Ce bois ainsi débité, prend quelquefois le nom de charbonnette.

II Dressage, empilage ou cordage des bois de chauffage.

Les bois de feu façonnés en rondin, en quartier ou en charbonnette sont ensuite relevés et empilés avec soin soit pêle-mêle et sans distinction d'essence ni de grosseur, soit séparément selon la qualité et les dimensions des bois par tas plus ou moins considérables qui, dans plusieurs localités forestières, reçoivent le nom de rôles. Mais en général, les dimensions des rôles sont calculées de manière que chacun d'eux renferme un nombre exact de fois, l'unité de mesure des bois de feu.

Pour empiler les bois de feu, on choisit toujours des places vides et dont le terrain soit, autant que possible, plat, uni et sec. Quand le bois doit séjourner longtemps sur le parterre des coupes, il importe beaucoup à sa conservation qu'il soit empilé en terrain sec. Les bois de feu empilés dans des places humides, s'altèrent bientôt et perdent de leur qualité. Ils se piquent, s'échauffent, se couvrent de moisissures et de champignons, plus ou moins promptement selon les essences, et pour une même essence, selon que le bois est couvert ou non de son écorce. On dit alors que le bois est passé, ce qui se reconnait facilement à la simple inspection des parties les plus voisines de l'écorce. Le bois passé, brûle difficilement et sans flamme, il ne donne presque plus de chaleur, et parconséquent a perdu beaucoup de sa valeur. Parmi les bons bois de feu, le charme et le hêtre s'échauffent assez facilement quand ils séjournent plus de quelques mois dans les coupes, en lieu humide. Le chêne résiste beaucoup plus longtemps, surtout quand il est écorcé. Le tremble moisit vite et se couvre de champignons. Il est donc très essentiel d'enlever les bois de feu aussitôt qu'ils sont suffisamment desséchés, c'est-à-dire, pendant l'été qui suit l'abatage, et de les conserver en lieu sec jusqu'au moment où ils seront employés.

Au fur et à mesure que les bûcherons découpent les parties de la tige ou des branches d'un arbre propres à donner des bûches de quartier ou de rondin, ils mettent de côté et rassemblent en tas, les menus brins, les rameaux, ramilles et brindilles qui doivent être façonnés en fagots ou en bourrées.

III. Façonnage des Fagots.

On fagote de différentes manières suivant les localités, et selon la qualité et la quantité des produits que l'on fait entrer dans un fagot. Ces procédés différents peuvent se réduire à trois : en forme, sur le chevalet et sous le pied.

Pour le fagotage en forme, le bûcheron construit un petit atelier (voir fig. 2) formé par deux chevrons b b, c c, assemblés à mi-bois et en croix, en manière de chèvres à scier le bois. Ces deux croisées sont jointes l'une à l'autre par des traverses d d, sur l'une desquelles s'élève un crochet a ; les fourches de la chèvre sont de telle longueur, que quand elles sont remplies, elles renferment exactement la quantité de bois qui doit entrer dans un fagot et pour donner une grosseur uniforme à tous les fagots, on serre fortement le bois, avant de le lier, avec une hart ; une corde ou une chaîne de longueur égale à la circonférence que doit avoir le fagot.

(Fig. 2)

Le bûcheron arrange ses morceaux de bois dans les angles que forment les deux fourches, le plus régulièrement qu'il peut, mettant en parement les plus beaux et les plus droits. Quand les fourches de son atelier sont remplies il lie le fagot de deux harts tout auprès des fourches.

On se sert encore pour le fagotage en forme, de deux petites machines ayant la forme de tréteaux à deux pieds. Ces tréteaux étant renversés, les pieds en l'air (fig. 3) l'ouvrier les place en face de lui et les écarte plus ou moins selon la longueur qu'il veut donner au fagot. Puis dans cette forme, il arrange les bois qui doivent composer le fagot, en ayant soin de disposer en parement les morceaux les plus gros et les plus droits. La forme étant ainsi remplie, l'ouvrier lie le fagot avec deux harts

fig. 3.

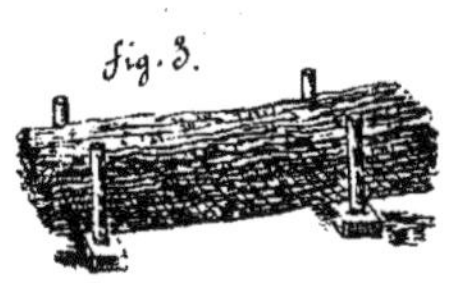

Ce mode de fagotage s'emploie surtout pour la confection des fagots dans lesquels on ne comprend que du petit rondin assez régulier de forme et de grosseur, et sans aucun mélange de brindilles et de menu bois. Tels sont entr'autres les fagots que l'on vend à Paris sous le nom de cotrets. On l'emploie aussi pour lier en bottes, les échalas, paisseaux, tuteurs, piquets &c. que l'on fabrique dans les coupes.

Un autre instrument employé dans le fagotage est le chevalet (voir fig. 4.) Cette machine varie beaucoup dans sa forme; nous nous bornerons à décrire celle qui nous a paru sinon la plus simple, au moins la plus commode pour l'ouvrier fagoteur.

fig. 4.

Elle se compose de deux timons A,B, ou pièces de bois reliées entr'elles par deux traverses C,D. Les deux timons sont disposés en plan incliné et un peu relevés à l'avant à l'aide de deux supports S,S, placés à l'une des leurs extrémités. Deux petites tiges ou broches E,E, ordinairement disposées en fourches, sont fixées perpendiculairement dans les timons à peu de distance en avant de la traverse D. Un crochet I est fixé verticalement dans la traverse C. Une forte corde, une chaine, ou le plus souvent une hart H est attachée par un bout au milieu de la traverse D et par l'autre bout à l'extrémité d'un lévier L. On donne à cette double hart une longueur exactement égale à la circonférence que doit avoir le fagot.

Pour construire un fagot, l'ouvrier se place en avant du chevalet entre les deux supports, S, et S, et aussi à portée que possible des rames réunies en tas pour le fagotage. Il découpe successivement ces rames à la longueur du fagot et les emploie immédiatement, en ayant soin de disposer en parements les morceaux les plus forts et les plus droits. Au centre des parements il réunit des brindilles ou broussailles qui seront l'âme du fagot. Tout le bois qui doit entrer dans le fagot étant ainsi bien arrangé sur les timons en avant des broches, l'ouvrier serre les rameaux le plus fortement qu'il peut dans la double hart H. A cet effet, il engage la pointe du lévier qui porte la hart sous la traverse D, et il appuie sur l'autre extrémité du lévier, jusqu'à ce qu'il puisse le faire passer et le maintenir sous le crochet I. Le fagot étant ainsi serré, l'ouvrier le lie par le milieu avec une hart; puis il dégage le lévier et termine la toilette du fagot, en coupant avec sa serpe toutes les brindilles qui passent en dehors des parements. Ces brindilles sont aussitôt ramassées, roulées et mises en tas pour former l'âme du fagot suivant.

Cette manière de fagoter est avantageuse en ce qu'elle permet de faire entrer dans les fagots les plus petits rémanants des coupes en exploitation.

Les fagots ainsi confectionnés sont propres et solides, ils ont bonne apparence. Le mélange des plus petites brindilles avec des branches plus fortes permet de comprimer et de serrer fortement le fagot avec le lévier, et une seule hart un peu forte suffit pour le maintenir solidement lié pendant quelques mois.

Le fagotage sous le pied est le procédé le plus répandu quoiqu'il soit moins bon que le précédent. Il consiste à placer par terre une ou deux harts, sur lesquelles on arrange le bois en faisceaux comme sur un chevalet. Les harts étant préparées de manière à pouvoir être serrées en nœud coulant, l'ouvrier passe l'extrémité du lien dans la lumière ménagée à l'autre extrémité, puis quand il veut serrer la hart qu'il tient dans ses mains par le gros bout, il appuie avec le pied sur la lumière, de manière à comprimer le plus possible le bois compris dans le fagot.

Cette manière de fagoter est très employée surtout dans la confection des bourrées. Les fagots ainsi formés sont moins solides que ceux que l'on construit sur le chevalet, et quand ils séjournent longtemps dans les coupes, le bois se desséchant, le lien ne reste plus suffisamment tendu, et l'on est souvent obligé, après quelque temps, de relier les fagots qui doivent être transportés à quelque distance.

On fait des harts avec toutes les espèces de bois qui se prêtent à la torsion. Les meilleures sont en chêne, charme, coudrier, bouleau, cornouiller, hêtre, sapin &.a Les harts de sapin et de coudrier sont très estimées et très employées dans le flottage; on leur donne alors souvent le nom de rouettes.

IV. Carbonisation du bois en forêt.

Les bois que l'on découpe en bois de charbon ou charbonnette, se carbonisent habituellement en forêt. Pour opérer la carbonisation en forêt, il y a différents procédés. Celui que l'on pratique le plus généralement en France, consiste à réunir et à dresser ces bois en meules qui contiennent chacune à peu près 50 stères. On donne à ces meules la forme d'une calotte sphérique ou à peu près. Quand le bois est dressé, on le recouvre d'une couche de feuilles mortes, de mousse, de gazon &.a et par dessus cette couche, on en fait une autre avec du terreau et du poussier de charbon que l'on recueille sur les places où l'on a carbonisé précédemment. Au centre de la meule, on ménage une cheminée que l'on forme avec trois ou quatre piquets plantés en cercle et réunis ensemble avec des harts. On place dans cette cheminée de menus débris de bois sec, auxquels on met le feu par le haut. Le feu descend bientôt dans la cheminée, se communique aux bûches les plus voisines, et de-là se répand dans toute la meule. Quand on croit la meule allumée dans toute la hauteur de la cheminée, on bouche l'ouverture laissée à la partie supérieure avec des gazons. Il ne reste plus alors au charbonnier qu'à surveiller et à diriger le feu de manière à éviter la combustion entière du bois, tout en opérant sa carbonisation. Quand l'ouvrier voit que la carbonisation est parfaite, il éteint la meule en bouchant tous les trous par lesquels l'air peut pénétrer à travers la couverture. Puis il laisse refroidir le charbon, le découvre et le retire.

On choisit de préférence les terrains secs, unis, plats et abrités pouo y établir les meules; les meilleures places sont celles où l'on a fait du charbon aux exploitations précédentes. Elles sont toujours faciles à reconnaître. Le rendement du bois en charbon varie avec les essences et les qualités de bois, et aussi avec les circonstances atmosphériques qui accompagnent la carbonisation. Il faut opérer autant que possible par un temps sec et calme; le vent et la pluie sont des temps contraires à une bonne carbonisation. La meilleure saison est le mois d'août et de 7bre. Dans les meilleures conditions, le rendement en poids est d'environ 20 à 22 p %, jamais il ne dépasse 25 p %. Le charbon bien fait se reconnait en ce qu'il conserve la forme du bois dont il provient, il est peu cassant, peu gerçuré et très sonore: On dit qu'il est trop cuit, lorsqu'il perd sa sonorité et qu'il est très gercuré; trop peu cuit au contraire, s'il n'est pas noir partout, et si la cassure n'est pas brillante.

Dans ces derniers temps, on a établi, à proximité de quelques grandes forêts, des usines où l'on carbonise le bois en vase clos. Nous avons vu fonctionneo une de ces usines dans le Bas-Rhin. L'appareil se compose d'un cylindre en tôle pouvant contenir environ 50 stères de bois et monté suo deux murs en maçonnerie, espacés de manière à former un four. A ce cylindre sont adaptés des tuyaux qui servent à l'échappement des gaz provenant de la distillation du bois. Une partie du gaz hydrogène est utilisée pour l'éclairage de l'usine et pour la cuisson du charbon. Les autres produits de la distillation sont dirigés dans de longs conduits où ils se refroidissent, se condensent, se liquéfient, et sont recueillis dans des cuves. On sépare ensuite l'acide acétique contenu dans ces liquides en les traitant par la chaux, et on les livre au commerce sous forme de sels ou d'acétates de chaux.

Les charbons que nous avons vu faire dans cette usine, sont beaux, cuits à point et nous paraissent réunir toutes les qualités recherchées pour les foyers domestiques. Peut être étaient ils trop cuits pour l'usage des forges, mais c'est un défaut auquel on pourrait sans doute remédier, en apportant les soins et les précautions nécessaires dans la cuisson. — 36 heures suffisent pour la carbonisation de 50 stères de bois.

Pour apprécier le rendement que l'on obtient par ce mode de carbonisation, nous avons fait dans cette usine quelques expériences dont nous allons rendre compte.

2.st 500 de chêne, rondin fendu et pelé, bien desséché, pesant 873 kilog. ont donné 245.k 50 de charbon, soit 28,12 p %.

2.st 500 de charme rondin et petit quartier, bien desséché pesant 866 kil. ont rendu 223 k 50 de charbon, ou 25.80 p %.

2.st 500 de hêtre, petit quartier, desséché, pesant 1095 kilog. ont rendu 280 kil. 50 de charbon, soit 25.43 p %.

Le rendement en volume était de 45 à 50 p %.

Le charbon était bien cuit, luisant, sonore et ne renfermait pas un seul fumeron.

Ce premier pesage a eu lieu lorsqu'on a sorti le charbon de la chaudière, alors qu'il était encore chaud. Mais le poids du charbon augmente quand il est exposé à l'air et refroidi. Nous avons pesé de nouveau ce même charbon, le lendemain, après qu'il eut passé 24 heures sous un hangard bien aéré et nous avons trouvé que son poids avait augmenté de 3 p%

Or c'est dans ces conditions que le charbon est livré au commerce; il s'ensuit donc que l'on peut considérer le rendement en poids comme étant de 28.96 p% pour le chêne.
de 26.57 p% pour le charme
de 26.19 p% pour le hêtre.

Art. 2. Débit des bois d'œuvre.

1.
Généralités.

Nous avons dit que les bois d'œuvre se divisaient en deux catégories :

1° Le bois de travail ou d'industrie;

2° Le bois de service ou de construction, ou de charpente.

Quand un arbre abattu est propre à donner du bois d'œuvre, le bûcheron commence par retrancher, à la hache ou à la scie, tout ce qui dans la tige et les branches, n'est bon qu'à être converti en bois de feu. Ce qui en reste, soit qu'on le découpe en plusieurs morceaux, soit qu'on le laisse en un seul bloc, est destiné à être façonné et mis en œuvre par des ouvriers de différents métiers. C'est ce que l'on nomme bois d'œuvre.

On appelle arbres en grume, ou pièces de bois en grume, ces morceaux bruts et recouverts de leur écorce, qui doivent être employés comme bois d'œuvre. Ce nom de bois en grume s'applique aussi aux mêmes pièces de bois quand elles sont dépouillées de leur écorce.

L'équarrissage est l'opération par laquelle on réduit les bois en grume avec la hache et l'erminette de manière à leur donner la forme d'un parallélipipède, droit, rectangle ou oblique. En général on laisse en grume les pièces qui doivent être vendues et livrées sur le parterre des coupes, tandis que souvent on équarrit sur place les bois de construction qui doivent être transportés et livrés hors de la coupe, afin de diminuer les frais de transport.

II. Débit des bois de travail dans les coupes.

Bois de sciage.

Les bois de travail que l'on façonne dans les coupes sont livrés aux ouvriers des différents métiers pour la plus grande partie, en planches de diverses épaisseurs. Le chêne, le hêtre, le sapin, l'épicéa et le pin sylvestre sont les essences qui fournissent le plus de planches à la consommation.

Les sciages de chêne et de hêtre se font ordinairement sur le parterre même des coupes en exploitation. On emploie pour ce genre de débit des ouvriers spéciaux que l'on nomme scieurs de long.[1] Tout le monde sait comment est organisé l'atelier des scieurs de long; nous n'en parlerons pas. Avant de monter la pièce qui doit être sciée, soit sur tréteaux, soit sur chevalet, (on se sert le plus ordinairement de chevalets dans les coupes), les ouvriers équarissent légèrement le bois sur 4, 6 ou 8 faces, puis ils tracent sur la pièce les traits qu'ils doivent suivre en la débitant. Ces traits se marquent avec un cordeau frotté dans du charbon délayé dans de l'eau. C'est l'ouvrier monté sur le chevalet qui dirige la scie suivant le trait, par conséquent dans chaque atelier de scieur, c'est le plus habile qui doit occuper ce poste.

Le tracé du sciage avec le cordeau, exige beaucoup d'habitude et même d'habileté de la part de l'ouvrier qui en est chargé, afin de tirer le meilleur parti possible de la pièce à débiter; et

(1) Depuis quelques années, on a monté de petites scieries à vapeur que l'on transporte successivement dans les coupes où il y a du bois à débiter. L'expérience n'a pas encore démontré s'il y a intérêt à substituer ces machines aux scieurs de long.

comme les scieurs de long travaillent ordinairement à la tâche, le propriétaire des bois doit surveiller de près cette opération afin d'empêcher les ouvriers de diriger le sciage uniquement dans leur intérêt. Le tracé du sciage influe aussi sur la qualité et la beauté de la planche. Les planches sciées sur maille, c'est-à-dire, dans la direction des rayons médullaires sont plus belles, se gercent et se tourmentent moins et par suite sont plus recherchées par les différents métiers, surtout par la menuiserie. Ce genre de débit se pratique sur une grande échelle dans quelques contrées du Nord de la France, où l'on scie le bois de la manière indiquée sur la figure que voici

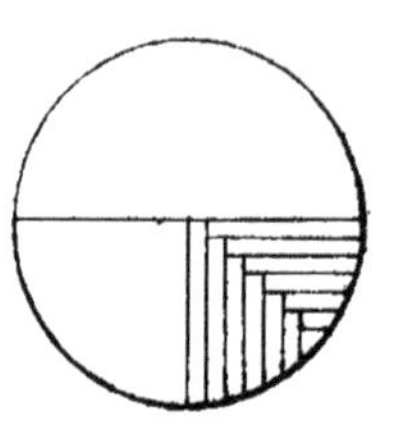

Le sciage sur maille présente en outre l'avantage d'occasionner moins de déchet dans le débit; par contre il a l'inconvénient de donner à la planches des largeurs variables, ce qui peut être une gêne dans le commerce. On conçoit du reste qu'une pièce de bois ne peut pas toujours être débitée tout entière sur maille. On évite même dans le débit de certaines pièces, de diriger exactement le trait de scie dans le sens des rayons médullaires, afin que la planche ou le madrier ne renferme aucune partie du cœur de l'arbre. Cette précaution est souvent exigée dans le sciage des bois que l'on débite sur devis, parceque le bois du cœur est quelquefois de moins bonne qualité, et qu'il éclate, se tourmente et se détache plus facilement lorsque la pièce est mise en œuvre.

Hors le cas où on travaille sur devis, et où l'on tient exclusivement à scier sur maille, les propriétaires ou les marchands font débiter leurs bois suivant des dimensions déterminées et conformes aux usages du commerce local. Ces planches de différentes dimensions forment, étant réunies dans certaines proportions ce que l'on appelle dans le commerce, des lots de sciage échantillonnés. Dans un grand nombre de localités, on a adopté pour les sciages de chêne, les noms et les dimensions des planches du commerce de Paris savoir:

Le grand battant	largeur	0^{m}. 333	épaisseur	0^{m}. 11
Le petit battant	id.	0^{m}. 25,	id.	0^{m}. 08
La doublette	id.	0, 333	id.	0, 06
L'Echantillon	id.	0, 25	id.	0, 04
La Membrure	id.	0, 165	id.	0, 08
L'Entrevoux	id.	0, 25	id.	0, 03
Le chevron	id.	0, 08	id.	0. 08
La Membrette	id.	0, 18	id.	0^{m},03 à 0,06
La frise ou planche à parquet		0, 12 à 0,13	id.	0,03

Quant à la longueur des planches, elle varie sans cependant descendre au dessous de 2 mètres[1]

Le hêtre se débitait autrefois en planches et madriers qui n'avaient pas de dimensions fixes, mais dans les localités qui alimentent le commerce de Paris, on tend à adopter les mêmes règles de débit que pour le chêne.

Les sapins, épicéas, pins sylvestres, que l'on met en planches sont ordinairement débités dans des scieries situées à proximité des coupes en exploitation. On donne à ces planches des dimensions différentes, selon les localités et selon les demandes du commerce.

Dans les Vosges on débite en planches une grande partie des sapins qui mesurent au minimum 0^{m}.38 centimètres de diamètre au gros bout. Les arbres d'un diamètre plus faible sont débités en charpente. Ceux que l'on destine au sciage sont découpés en forêt, en tronces de 11 à 12 pieds, ou 3^{m}.57^{c} à 3^{m}.90 de longueur. Quelques marchands donnent aux tronces de sciages les dimensions métriques 3^{m}.66 et 4^{m}. Mais le plus grand nombre font mesurer et débiter leurs tronces à l'ancien pied (0^{m}.325). La découpe de ces bois en forêt rend le transport plus facile dans les scieries où les tronces doivent être débitées.

---

[1] On fait quelque fois des planches qui n'ont que 1^{m} ou 1^{m}.30 de longueur, mais elles sont moins estimées et se payent relativement moins cher que les planches plus longues, parcequ'en général elles proviennent des branches ou de chênes éboutés par suite de vices.

Anciennement on découpait la plus grande partie des tronces sur 11 pieds ou $3^{m}57$ de longueur. Actuellement la longueur la plus ordinaire des tronces est de 12 pieds ou $3^{m}90$. On ne fait des tronces de 11 pieds, que lorsque la longueur de l'arbre ne permet pas de leur donner 12 pieds.

Les planches du commerce se divisent en planches de 11/8 et 12/8, 11/9 et 12/9, 11/12 et 12/12. Les planches de 11/9 et 12/9 (11 ou 12 pieds de long sur 9 pouces de large) sont appelées planches ordinaires

Les planches de 11/8 et 12/8 sont appelées planches réduites.

Les planches de 11/12 et 12/12 sont dites planches larges.

Dans le sciage, la première planche détachée de chaque tronce se nomme dosseau, l'une de ses faces est plane, tandis que l'autre conserve la forme extérieure et convexe de l'arbre. On appelle chons les planches que l'on retire immédiatement après les dosseaux et dont les côtés sont encore flacheux ou en biseau. Les chons ont une largeur moyenne de 6 à 7 pouces.

On appelle rebut ou planche de rebut, une planche fendue, trouée, cranée, ou qui renferme des nœuds susceptibles de se détacher et de former des trous après la dessication du bois. Avec les rebuts et les chons on fabrique souvent des lattes que l'on refend à la scie. Les lattes n'ont pas de largeur fixe. On estime qu'il faut quatre lattes pour une planche de 8 pouces.

Toutes les planches sus-mentionnées sont supposées avoir un pouce ($0^{m}027$) d'épaisseur; mais en général elles sont moins épaisses, surtout quand elles sont sèches. Elles n'ont le plus souvent que 11 lignes à l'extrémité correspondante au gros bout de la tronce et 10 lignes au bout opposé.

On fabrique aussi quelquefois des planches de 10, 7, 6 et 5 pouces de largeur, mais ce n'est qu'exceptionnellement et en petite quantité.

On débite aussi des pièces de diverses dimensions sur commande, des planches larges de 15 lignes d'épaisseur et enfin des frises ou planches à parquets et des madriers de petite largeur et d'épaisseur variable. Ce dernier genre de sciage du sapin commence à prendre beaucoup d'extension dans les Vôsges, et il a une grande importance, en ce qu'il permet de débiter en planches des arbres de petites dimensions qui n'auraient que peu de valeur comme charpente ou comme bois de feu.

Dans les Vôsges, une bonne scierie à bloc débite au maximum 30,000 planches par an. Une scierie à manivelle 45000 planches. Le sciage coûte 80f. du mille de planches ordinaires. Sur ce prix le scieur ou sagard reçoit 30f. reste 50f. du mille ou 5 p% ou la vingtième planche pour la location de l'usine, quand la planche vaut 1000f. le mille.

Bois de fente.

Outre les sciages, on façonne encore dans les coupes beaucoup d'autres bois d'industrie, que l'on désigne sous le nom général de bois de fente. On débite le bois de fente sous différentes formes et sous des dimensions très diverses, selon les usages auxquels ces bois sont destinés. Ce travail se fait surtout en forêt, parceque le bois se fend beaucoup mieux et plus facilement, lorsqu'il est vert et tout saignant, que lorsqu'il est desséché; parcequ'aussi tous les bois ne sont pas propres à la fente, et que dans les coupes en exploitation, l'ouvrier a plus de facilité pour choisir le bois qui convient à ce genre de débit; parce qu'enfin il peut souvent employer à des ouvrages de fente des pièces de fausse coupe et tirer ainsi le parti le plus utile des bois. Pour qu'un bois soit propre à la fente, il faut qu'il ait une texture égale, que ses fibres longitudinales soient parfaitement droites, apposées régulièrement les unes contre les autres, et qu'il soit exempt de nœuds, de vices et de tout autre accident de croissance.

Les essences qui fournissent le plus de bois de fente sont

le chêne, le hêtre et le sapin.

Entre tous les métiers qui emploient les bois de fente, il faut placer en première ligne la tonnellerie. On nomme merrain le bois de fente destiné plus particulièrement à la fabrication des douves de tonneaux. Les douves sont de deux sortes, celles qui servent pour construire le corps du tonneau et que l'on désigne sous le nom de longailles, douelles, merrain, et celles qui sont employées pour former les fonds du tonneau et que l'on nomme fonçailles, fonds ou traversins. On n'emploie guère que du chêne pour la fabrication des futailles qui doivent contenir du vin et de l'eau-de-vie, parceque les fibres de son bois sont mieux liées, plus serrées et moins perméables. Cependant on fait aussi de bonnes futailles avec le jeune châtaignier, et dans le midi, on emploie quelquefois à cet usage le bois de mûrier blanc, mais le merrain de bon chêne est préférable.

Les douves, pour être de bonne qualité, doivent toujours être faites avec du bois mûr et convenablement desséché. Celles que l'on tire de chênes trop vieux ou trop jeunes, sont trop poreuses. On doit éviter aussi d'employer à cet usage des bois viciés ou gras. Dans les chantiers de la marine, où l'on emploie une quantité considérable de merrain, on éprouve sa qualité, en le frappant sur le tranchant d'une pierre : s'il rompt par éclats ou par esquilles, s'il casse net, il est mauvais

Enfin on fabrique du merrain et du traversin avec du chêne gras, avec du hêtre, du sapin et même du bois blanc ; mais ces douves ne sont propres qu'à faire des tonneaux destinés à recevoir des marchandises sèches. Le merrain se façonne ordinairement dans les coupes ; on le transporte de là dans les ateliers de tonnellerie où il est mis en œuvre. Il en est de même des cerches. Mais pour les autres ouvrages de fente, beaucoup d'ouvriers façonnent leurs produits, en forêt. Il en est ainsi des sabotiers, qui dans plusieurs localités, n'ont pas d'autre domicile, que la hutte et l'atelier qu'ils établissent chaque année dans les

coupes en exploitation. Le sabotage emploie une quantité assez notable de bois de hêtre, de bouleau, d'aune &c. mais surtout de hêtre.

III. Débit des bois de service dans les coupes.

Bois de constructions civiles.

Les bois employés de préférence dans les grandes constructions civiles, sont ceux du chêne, du châtaignier, du pin sylvestre et du sapin. Dans les constructions civiles ordinaires et communes, on emploie en charpente, le chêne, le châtaignier, le pin sylvestre, le sapin, l'épicéa, l'orme, le sorbier domestique, le mérisier commun et le tremble.

Dans le débit de ces bois en forêt, on se borne ordinairement à les découper en grume dans leur plus grande longueur. Quelquefois aussi on les équarrit et on les façonne sur devis dans les coupes.

Les charpentes en bois de sapin reçoivent différents noms, selon les localités, et selon leurs dimensions en diamètre et en longueur. Dans les Vosges on appelle.

Chevron, une pièce qui mesure de 16 à 22 cent. de d.tre au gros bout, et 0m. 1/4 au milieu, sur 16m. de longeur,
Panne simple ———— 0,22 à 0,32 ———— et 0,18 – id – sur 20m. de longr.
Panne double ———— 0,32 à 0,36 ———— et 0,23 – id – sur 22m. de longr.
Poutre ———— 0,38 et au dessus.

Ces bois sont équarris à peu près sur les 2/3 de leur longueur. Le déchet qui résulte du débit de ces pièces est d'environ 23 à 25 p % de leur volume.

La plupart des pièces qui mesurent plus de 0m. 38 de diamètre au gros bout sont débitées en sciage.

On peut comprendre aussi parmi les bois de service les bois employés comme traverses dans la construction des chemins de fer. Les traverses se débitent et se façonnent à la scie dans les coupes en exploitation. Les meilleures sont en chêne; mais on en fait aussi avec d'autres bois, tels que le hêtre et le pin sylvestre, que l'on pénètre ordinairement d'une substance qui les rend plus durables. La tolérance admise assez généralement dans les fournitures de traverses, permet d'employer pour cet usage du bois d'une qualité souvent médiocre, et d'une forme peu régulière. C'est donc un moyen de tirer un bon parti de certaines pièces qui auraient été peu propres au sciage et aux constructions. Le débit des bois ~~en~~ traverses a une importance déjà grande et qui ne fera que s'accroître dans l'avenir. On calcule qu'il faut au moins 100 mètres cubes de traverses(1) pour un kilomètre de chemin de fer à simple voie, et qu'il faut remplacer les traverses, en moyenne tous les 10 ou 15 ans. On estime aussi qu'il faut en moyenne 166 mètres cubes de bois ronds pour donner 100^{m}. cubes de traverses façonnées, et onze traverses pour faire un mètre cube.

Parmi les bois de service, on peut encore ranger ceux que l'artillerie emploie dans les arsenaux, tels sont : Le chêne qui sert à presque tous les usages et spécialement dans la construction des affuts et de presque toutes les parties des caissons, des chariots de batterie, des forges, des avant-trains, des coffres à munitions, des roues.

Le frêne ou le jeune chêne, pour la flèche des caissons, des chariots de batterie, des forges, la volée, le timon et la servante des avant-trains, les hampes d'écouvillon et de tire-bourre, les manches de dégorgeoir et en général pour tous les manches d'outils.

L'orme pour les bouts de chariot, les mufles de soufflets de forge, pour les moyeux et les jantes de roues, pour les têtes d'écouvillon, les refouloirs, les manches de dégorgeoir et enfin pour la construction des principales parties des coffres à munitions. Le noyer pour les bois de fusil.

Le sapin et le pin sylvestre pour caisses d'armes planches à bâteau, poutrelles, madriers &c^{a}. Les bois de ces essences peuvent aussi remplacer avantageusement le chêne pour madriers de plate-forme.

Les fournitures de bois à l'artillerie sont faites par adjudication. Les bois sont reçus en grume et cubés à l'arsenal au 5ème déduit. Les pièces de chêne de fort équarrissage ne doivent être mises en œuvre qu'après 4 ans de débit, les autres après deux ans. On distingue

(1) Il y a environ 2500 traverses dans un kilomètre à double voie, y compris les voies d'évitement de gare &c^{a}.

deux modes de débit de ces bois, le grand débit qui se fait à la scie de long, le petit débit qui a lieu au coin et à la hache. Le premier fournit les pièces de grandes dimensions, telles que: Plateaux pour flèches, flasques &c.ª Le second produit les bois propres au charronnage, tels que: rais, jantes, moyeux &c.ª Dans l'un et l'autre débit, l'aubier doit tomber en déchet.

Bois de marine.

De tous les bois, le plus important et le plus précieux, celui qui entre pour la plus grande partie dans les constructions navales est le chêne. C'est donc du chêne que nous allons plus particulièrement nous occuper dans ce qui va suivre.

Autrefois la marine avait le droit de faire rechercher et marquer par ses agents, les chênes propres aux constructions navales qui devaient tomber dans les coupes à exploiter chaque année dans les forêts de l'État, des communes, des établissements publics et des particuliers. La marine achetait ces bois en traitant de gré à gré avec les propriétaires, et les faisait ensuite transporter dans ses chantiers.

Mais depuis plusieurs années, on a renoncé au martelage de la marine, et l'on a mis en adjudication publique les fournitures de bois à faire dans les ports pour le service des constructions navales. Le cahier des charges relatives à ces adjudications, fixe la quotité de ces fournitures, le délai dans lequel elles doivent être faites et les départemens d'où doivent provenir les bois de chaque fourniture. Il impose en outre différentes conditions aux fournisseurs, en ce qui concerne la qualité des bois, la forme et les dimensions des pièces. A volume égal, ces bois sont payés à des prix plus ou moins élevés selon la forme plus ou moins rare et les dimensions plus ou moins fortes des pièces.

En terme de marine, gabarier un arbre, c'est l'équarrir et le façonner suivant une forme déterminée, et d'une manière exactement conforme à un modèle donné. Ce modèle s'appelle gabari. Les arbres que l'on destine à la marine ne sont jamais gabariés dans les coupes. Quelquefois même on les livre en grume dans les ports, laissant aux ingénieurs et aux charpentiers le soin d'en tirer le meilleur parti possible pour la construction des vaisseaux. Mais ordinairement on fournit ces pièces équarries. Ce mode de fourniture est adopté pour plusieurs causes. D'abord parceque dans les ports, on défalque l'aubier du volume de la plupart des pièces à recevoir; en second lieu parcequ'en équarrissant le bois dans les coupes, on diminue les frais de transport, en raison du volume d'aubier qui tombe dans l'équarrissage; et enfin parceque l'équarrissage d'une pièce de bois permet de mieux distinguer certains défauts qui seraient de nature à faire rebuter les pièces à leur arrivée dans les ports. En principe, la marine ne veut et ne doit employer que des bois parfaitement sains dans la construction des vaisseaux. Amener dans les chantiers de la marine des bois vicieux ou même de qualité douteuse; c'est s'exposer à les voir rebuter, à perdre les frais de transport souvent considérables qu'ils ont coûtés, et à être obligé de vendre à vil prix dans les ports de mer, des pièces dont on aurait pu tirer un grand profit, en leur donnant une autre destination.

Chapitre quatrième.

Débit des bois de marine et emploi de ces bois dans les constructions navales.

Art.e 1.er

Nomenclature, configuration et classement des bois de chêne.

Dans la marine militaire, on se sert presque exclusivement de bois de chêne pour la construction de la coque des vaisseaux. C'est assez dire que ce bois tient la place la plus importante dans les constructions navales. Les pièces de bois que l'on emploie à cet usage sont définies par une instruction du ministre de la marine en date du 28 juillet 1852. Elles se divisent en plusieurs catégories, savoir:

A. – Les bois droits. – Ils comprennent dix signaux qui sont, la quille, l'étambot, la mèche de gouvernail, la bitte, le plançon, la poutre, la solive et accore, le demi-bau, le bau, le barrot de gaillard.

B. – Les bois courbans. – Ils se subdivisent:

En bois à une courbure;

En bois à deux courbures dans le même plan.

En bois à deux courbures dans deux plans différents.

Les bois courbans à une courbure comprennent onze signaux qui sont: le jas d'ancre, la demi-varangue, le bout d'allonge, la varangue plate, la précinte de tour, l'allonge, l'étrave, la varangue acculée, la pièce de tour, la guirlande, le genou.

Les bois courbans à deux courbures dans le même plan comprennent deux signaux: le genou de revers et l'allonge de revers.

Les bois courbans à deux courbures dans deux plans différents ne comprennent qu'un seul signal que l'on désigne sous le nom de bois à deux bouges.

C. – Les bois courbes. – Ils comprennent quatre signaux qui sont: la courbe d'étambot, la courbe de Dottereau, le Brion et la courbe de pont.

On nomme Bordages des pièces de bois moins épaisses que les plançons, et qui servent à revêtir intérieurement et extérieurement la carcasse du bâtiment. Les bordages internes se nomment vaigres. Les bordages sont, en général, débitées à la scie dans les chantiers de la marine, et proviennent ordinairement des pièces qui ont été désignées sous les noms de plançon, précinte, pièce de tour, bois à deux bouges.

Nous donnerons ci-après la configuration de ces différents signaux, et le tarif d'après lequel on les reçoit et on les classe dans les chantiers de la marine.

Configuration des divers signaux de bois de chêne.

Bois droits.

Quille, Etambot, Mèche de gouvernail.

Bitte.

Plançon, Poutre, Solive et Accore.

Demi-Bau.

Bau, Barrot de gaillard.

Bois à une courbure.

Pas d'ancre, Demi-Varangue.

Bout d'allonge.

Varangue plate, Préceinte de tour.

Allonge.

Etrave.

Varangue acculée
Pièce de tour, Guirlande.

Genou.

Bois à deux courbures.

Genou de revers.

Allonge de revers.

Bois à deux bouges.

Petits Bois.

Bois de barque.

Bois de chaloupe.

Dans une courbe il est deux parties essentielles : le collet et le talon, (fig. 1). Le collet qui en fait la force doit rester intact; et le talon, au moyen duquel on peut en diminuer l'ouverture, doit être laissé le plus long possible. Il faut sans doute équarrir le pied et même la branche de la courbe, afin de ne pas avoir un trop fort excédant; mais l'ouvrier, s'il le peut, doit laisser subsister l'écorce au collet, comme témoin que les fibres de celui-ci n'ont point été tranchées.

Courbes.

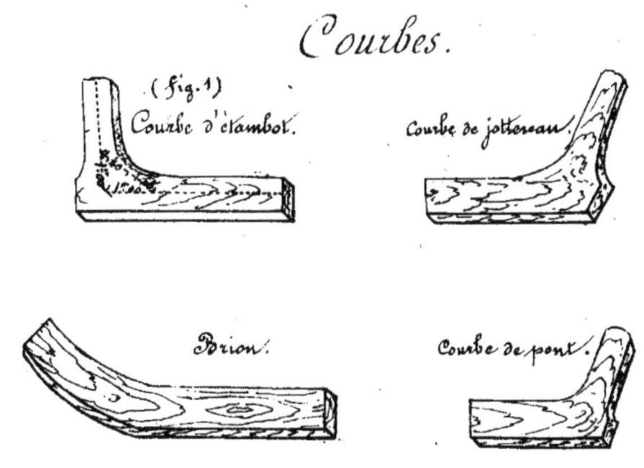

Pour opérer le classement de ces bois dans les arsenaux, on se sert des tarifs ci-après.

Classement des bois de marine,

Arrêté le 28 juillet 1852 par le Ministre de la Marine et des Colonies, et modifié selon les conditions du cahier des charges du 1er juillet 1857.

Signaux.	Longueur.	Équarrissage. Milieu. Largeur (tour)	Équarrissage. Milieu. Épaisseur (droit)	Équarrissage. Petit bout.	Flèche de l'arc en millimètres par mètre de longueur.	Observations.
	déc.	cent.	cent.	centim.		
Bois droits.						
Quille.						
1 Q¹	110	44	44	44-44		La pièce sera tout à fait droite et sans défournis. Le minimum, au petit bout, sera susceptible de tolérance sur le tour, pourvu que le défourni n'existe que sur une des faces et seulement sur une longueur égale au 1/6 de la longueur totale. — Ce signal exclut tous les bois affectés de défauts qui seraient de nature à occasionner des voies d'eau; tels sont, dans une certaine mesure, les gercures, gélivures, cadranures, roulures, fibres torses, &a.
2 Q¹	100	40	40	40-40		
3 Q¹	90	36	36	36-36		
4 Q¹	80	32	32	32-32		
2 Q²	90	44	44	44-44		
3 Q²	80	40	40	40-40		
4 Q²	70	36	36	36-36		
Étambot.						
1 ET	108	50	44	50-44		Ce signal est assujetti aux mêmes conditions que la quille, sauf qu'il n'est pas toléré de défournis au petit bout.
2 ET	86	46	40	46-40		
3 ET	80	44	36	44.36		
4 ET	70	40	32	40.32		
Mèche de gouvernail.						
1 MG	100	72	66	40-44		La pièce sera tout à fait droite et sans défournis. Les largeur et épaisseur sont prises à 2 mètres du pied. — Ce signal exclut particulièrement les bois à fibres torses.
2 MG	96	64	62	36-40		
3 MG	90	56	54	32-36		
4 MG	80	46	44	28-32		
Bitte.						
5 BI	46	42	42	38-38		La pièce sera tout à fait droite et sans défournis.
6 BI	40	36	36	30.30		
Plançon.						
2 P*	110	40	40	36.36	0 à 12	Il pourra être courbe sur les deux faces. — Les courbures seront bien suivies et dans le même sens. — Ce signal exclut les bois affectés de défauts qui ne permettraient pas le débit en bordages. *Nota.* — La limite d'arc déterminée dans la colonne ci-contre ne s'applique qu'à l'une des faces; il suffit, pour l'autre, que la courbure soit régulière.
3 P	100	34	34	30.30		
		36	32	32.28		
4 P	90	30	30	26-26		
		32	28	28.24		
5 P	70	26	26	22-22		
		28	24	24.20		
6 P	50	22	22	20.20		
7 P	26	16	16	14.14		

* Il est accordé, moyennant une réduction de prix stipulée au cahier des charges de 1857, une tolérance de 10 décimètres sur la longueur des plançons de deuxième espèce, et de 6 décimètres sur celle des plançons de troisième et quatrième espèces.

Signaux	Longueur	Équarrissage — Milieu — Largeur (tour)	Équarrissage — Milieu — Épaisseur (droit)	Équarrissage — Petit bout	Flèche de l'arc en millimètres par mètre de longueur	Observations.
	déc.	cent.	cent.	cent.		
Bois à deux courbures dans le même plan.						
Genou de revers						
4 GR	48	40	40	— 40	30 à 60 chaque	
5 GR	40	32	28	— 28	1/2 longueur.	
Allonge de revers.						
4 AR	48	40	40	— 40	60 à 120 1/2 pied.	
5 AR	40	32	28	— 28	20 à 40, 1/2 tête.	
Bois à deux courbures dans deux plans différents						
Bois à deux bouges.						
3 B2	100	40	40	36-36	10 à 20	
4 B2	90	36	36	32-32	dans un sens	
5 B2	70	32	32	28-28	10 et au dessus	
6 B2	60	26	26	24-24	dans l'autre.	
Petits Bois.						
7 BB	20	16	16		80 et au-dessus.	Bois de barque.
7 BC	10	6	6		140 à 180.	Bois de chaloupe.

Nota. — Les épaisseurs et largeurs sont mesurées en centimètres au milieu des longueurs, sauf pour les mèches de gouvernail. — La longueur est exprimée en décimètres.

Signaux	Longueur — pied — Minimum	Longueur — pied — Maximum	Longueur — branche — Minimum	Longueur — branche — Maximum	Largeur (tour) — pied — Minimum	Largeur (tour) — pied — Maximum	Largeur (tour) — branche — Minimum	Largeur (tour) — branche — Maximum	Épaisseur (droit) — pied — Minimum	Épaisseur (droit) — pied — Maximum	Épaisseur (droit) — branche — Minimum	Épaisseur (droit) — branche — Maximum	Ouverture en ligne droite entre les deux parties de la courbe, à une distance de 1 mètre, mesurée sur le pied et sur la branche à partir du sommet.
	déc.	déc.	déc.	déc.	cent.	cent.	cent.	cent.	cent.	cent.	cent.	cent.	
Courbes.													
1 CE	30	40	20	30	40	"	36	"	38	44	32	"	140 à 160 cent.
1 CJ	20	32	16	26	38	50	36	"	32	44	30	"	140 à 180 id
1 BR	60	"	20	30	48	"	48	"	44	50	44	50	170 à 190 id
2 BR	50	"	20	30	44	"	44	"	40	50	40	50	170 à 190 id
1 C	16	24	14	20	32	44	32	"	32	42	28	"	90 à 150 id
3 C	14	24	12	20	24	30	20	"	20	30	16	"	120 à 170 id
5 C	12	12	10	10	14	20	12		14	20	12		120 à 170 id.

Mode de mesurage des pièces de marine.

Les pièces équarries se mesurent différemment selon les formes qu'elles affectent, mais les dimensions s'expriment d'une manière uniforme, en nombre pair de décimètres pour la longueur et de centimètres pour la largeur et l'épaisseur. Toute fraction d'un décimètre et au dessous ou d'un centimètre et au dessous est négligée dans les mesurages, celle qui dépasse un décimètre ou un centimètre compte pour deux.

Pour les bois droits, l'équarrissage se mesure au milieu de la longueur, ou en prenant la moyenne des équarrissages des deux extrémités lorsque cette moyenne est inférieure à l'équarrissage du milieu.

Pour les bois courbants, le mesurage de la longueur se fait suivant l'arc des pièces. L'arc se mesure suivant la courbure naturelle des pièces, et sans avoir égard à la forme qui leur aurait été donnée par les équarrisseurs, aux dépens du volume et en coupant le fil du bois. La largeur tour se mesure sur l'une des faces droites de l'équarrissage, et l'épaisseur droit sur l'une des faces courbes de la même manière que pour les bois droits

Dans les bois courbes, les longueurs du pied et de la branche se mesurent à partir d'un sommet déterminé par la rencontre de deux lignes droites tracées par les milieux des largeurs sur une des faces latérales de la courbe. C'est à un mètre de ce sommet, sur les dites lignes, que se mesure l'ouverture. — Les équarrissages sont mesurés au milieu de la longueur de chaque partie.

Nota. — Les bois doivent être équarris à vive arête. Cependant sauf les exceptions portées au tarif pour les pièces de quille, étambots, mèches de gouvernail, bittes, baux, barrots de gaillard et étraves, l'aubier et les défournis ou flaches existant aux angles des pièces ne donnent lieu à aucune réduction, lorsqu'ils n'excèdent pas, à chaque angle, quinze pour cent de la largeur de la pièce à l'endroit correspondant à l'aubier ou au défourni, et lorsque d'ailleurs les faces sont saines et sans défectuosités. Le défourni ou l'aubier se mesure sur les faces des pièces et non

Signaux.	Longueur.	Équarrissage. Milieu. Largeur (tour).	Équarrissage. Milieu. Épaisseur (droit).	Équarrissage. Petit bout.	Flèche de l'arc en millimètres par mètre de longueur.	Observations.
	déc.	cent.	cent.	cent.		
Suite des Bois droits.						
Demi-bau.						
2 DB	90	44	44	44-44	8 à 10	La courbure sera régulière et symétrique à droite et à gauche du milieu de la longueur. — La pièce sera sans défournis, sauf une tolérance sur le droit du 1/3 de la longueur totale lorsque cette longueur atteindra le minimum exigé pour les baux du même équarrissage. — Ce signal exclut particulièrement les bois à fibres torses.
3 DB	86	40	40	40.40		
4 DB	80	36	36	36.36		
Bau.						
1 B	120	44	44	44.44	10 à 14	idem. — Moins la tolérance.
2 B	100	40	40	40-40		
3 B	90	36	36	36-36		
4 B	80	32	32	32.32		
Barrot de gaillard.						
2 BG	110	36	36	36.36	12 à 18	idem. — Moins la tolérance.
3 BG	94	32	32	32.32		
4 BG	80	30	30	30.30		
5 BG	70	24	24	24.24		
Bois à une courbure.						
Jas d'ancre.						
3 J	60	54	64		25 à 35	
4 J	50	50	56			
5 J	40	40	46			
6 J	36	32	36			
Demi-varangue.						
3 DV	60	50	40	— 40	35 et au dessus.	
4 DV	50	48	38	— 38		
5 DV	40	40	36	— 36		
Bout d'allonge.						
6 BA	36	32	28	28	35 et au dessus.	
7 BA	26	22	22	22		
Varangue plate.						
2 V	80	48	40	— 40	35 et au dessus.	
3 V	70	44	36	— 36		
4 V	60	40	32	— 32		
5 V	50	36	28	— 28		
6 V	46	32	24	— 24		

Signaux.	Longueur.	Équarrissage. Milieu. Largeur (bouge).	Équarrissage. Milieu. Épaisseur (droite).	Équarrissage. Petit bout.	Flèche de l'arc en millimètres par mètre de longueur.	Observations.
	déc.	cent.	cent.	cent.		
Suite des Bois à une courbure.						
Préceinte de tour.						
1 PR	100	40	40	40-40	0 à 5 dans un sens, 85 et au dessus dans l'autre.	Ce signal exclut les bois affectés de défauts qui ne permettraient pas le débit en bordages.
2 PR	90	38	38	38-38		
3 PR	80	36	36	36-36		
4 PR	70	32	32	32-32		
Allonge.						
3 A	48	40	40	— 40	50 et au dessus	
	44	48	40	— 40		
4 A	44	36	36	— 36		
	40	44	36	— 36		
5 A	40	32	32	— 32		
6 A	36	28	26	— 26		
Étrave.						
1 E	90	50	44	— 44	60 et au dessus	La courbure sera régulière, sans être nécessairement symétrique à droite et à gauche du milieu de la longueur. — La pièce sera sans défourni, sauf une tolérance sur le tour, formulée comme celle de la quille. — Ce signal est soumis aux mêmes exigences que les quilles et les étambots, en ce qui concerne les défauts qui seraient de nature à occasionner des voies d'eau
2 E	70	44	40	— 40		
3 E	60	40	36	— 36		
4 E	50	36	32	— 32		
Varangue acculée.						
2 VA	44	48	40	— 40	75 et au dessus.	
3 VA	40	44	36	— 36		
4 VA	40	40	32	— 32		
5 VA	36	36	28	— 28		
6 VA	30	32	24	— 24		
Pièce de tour.						
1 PT	56	40	40		80 et au dessus dans un sens de 0 à 12 dans l'autre.	Ce signal exclut les bois affectés de défauts qui ne permettraient pas le débit en bordages.
2 PT	52	38	36			
3 PT	48	34	32			
4 PT	40	30	28			
Guirlande.						
1 GU	48	54	44	— 44	100 et au dessus.	
2 GU	40	46	38	— 38		
Genou.						
1 G	50	42	40	— 40	100 et au dessus.	
2 G	46	38	36	— 36		
3 G	40	34	32	— 32		
4 G	36	30	28	— 28		
5 G	32	26	24	— 24		
6 G	26	22	22	— 22		

diagonalement.

« Lorsque l'aubier ou les défournis excèdent cette tolérance, la pièce est ramenée au degré d'équarrissage ci-dessus indiqué, par des réductions faites sur les dimensions, de la manière la moins défavorable au cubage et au classement.

On n'a point égard aux petites cavités de sonde, lorsqu'elles ne pénètrent pas au delà du vingtième de l'épaisseur de chaque face.

Les mêmes tolérances sont accordées pour les pièces entrant dans les signaux dénommés plus haut, pourvu que ces pièces soient susceptibles de satisfaire, par un équarrissage à vive arête, aux dimensions et prescriptions du tarif. » (Extrait du cahier des charges du 1er juillet 1857.)

Art. 2.

Classement des bois en grume, abattus ou sur pied, par signaux et par espèces de marine.

Le classement d'une pièce de bois par signal, ou plus simplement son nom, se détermine d'après sa forme.

Le classement d'un signal par espèces, se détermine d'après les dimensions de la pièce.

Des dimensions et des formes que doivent présenter les bois équarris pour la marine, nous pourons facilement déduire les dimensions et les formes que doivent présenter les pièces en grume dont on peut les extraire. En effet pour les bois qui doivent être équarris à vive arête et purgés de tout aubier, la pratique nous enseigne que, pour une pièce quarrée, le côté d'équarrissage doit être à peu près égal au 5e de la circonférence de l'arbre en grume mesurée à la distance de la base qui est indiquée par les tarifs de recette.

Ainsi par exemple, le tarif indique qu'une quille de 1re espèce, 1re variété, est un parallélipipède droit à base quarrée, de 11 mètres de longueur, et dont le côté d'équarrissage est égal à $0^{m}.44$ au milieu de la pièce et au petit bout. Par suite, il faut qu'une pièce de chêne de même longueur mesure $0^{m}.44 \times 5$ ou $2^{m}.20$ de circonférence au milieu et au petit bout, pour pouvoir fournir une quille de première espèce.

Réciproquement à l'aide des indications du tarif, il sera toujours facile de distinguer et de classer par signaux et par espèces, les pièces de bois abbattues, qui, par leurs dimensions et leurs formes, seront propres aux constructions navales. En effet, connaissant la longueur d'une pièce en grume, il suffira, pour la classer, de déterminer les côtés de son équarrissage au milieu et au petit bout, en prenant le 1/5e de la circonférence (1) mesurée vers ces mêmes points, puis de comparer cette pièce, par ses dimensions en longueur et en équarrissage et par sa courbure, aux signaux de même forme, tels qu'ils sont définis par les tarifs de recette.

Mais il peut être intéressant aussi de savoir classer de la même manière les arbres sur pied, et pour cela il faut évidemment pouvoir apprécier à distance, avec une exactitude suffisante, la longueur des pièces, leur grosseur au milieu et au petit bout et leur degré de courbure. Le degré exact de courbure d'un arbre sur pied, n'est pas très important à connaître, attendu que les différences dans la courbure, quand elles ne sont pas exagérées, peuvent plutôt avoir pour effet d'occasionner un déplacement dans le classement d'un signal, qu'une déchéance dans l'espèce. D'ailleurs, on peut toujours déterminer la courbure d'un arbre sur pied avec une assez grande approximation, en se plaçant à une certaine distance de l'arbre, en figurant la corde de l'arc de la pièce avec une baguette que

---

(1) Cette manière de déterminer les dimensions de l'équarrissage ne s'applique, à la rigueur, qu'aux bois bien cylindriques et aux pièces qui n'admettent ni défournis, ni aubier. Mais la pratique fait bientôt connaître les modifications à lui apporter (selon l'épaisseur de l'aubier et la forme du bois) dans le classement des pièces méplates, ou pour lesquelles on tolère 15 p % d'aubier et de défournis ou flaches.

l'observateur tient à la main et à une distance convenable de son œil, et en appréciant la longueur de la flèche par rapport au diamètre connu de la pièce en son milieu. Mais cette donnée n'est pas indispensable, au moins dans les estimations d'arbres sur pied, et pourvu que la courbure soit sensiblement régulière, ce qu'il importe surtout de connaître c'est la longueur de la pièce et les dimensions de l'équarrissage au milieu et au petit bout.

Pour mesurer la hauteur on peut faire usage d'un instrument dont nous parlerons plus tard, le dendromètre; ou bien on peut se servir d'une perche de 3 ou 4 mètres de longueur que l'on applique contre le tronc de l'arbre, et apprécier à vue d'œil la longueur de la pièce, en la comparant avec la longueur connue de la perche. La mesure de la longueur n'est donc jamais bien difficile à obtenir; mais il n'en est pas de même de la circonférence, au milieu et au petit bout, parcequ'il n'existe pas d'instrument précis ni commode pour la déterminer. A défaut de cette détermination directe, on a cherché à déduire la grosseur au milieu et au petit bout, du diamètre ou de la circonférence de l'arbre mesuré à 1m ou 1m 30 du sol. A cet effet, on a calculé par de nombreuses expériences, la loi de décroissement des diamètres ou des circonférences mesurés de distance en distance, depuis le pied de l'arbre jusqu'au point d'insertion des principales branches. On a trouvé que cette loi varie non seulement avec les essences, mais encore pour une même essence, avec la fertilité du lieu d'habitation et surtout avec les conditions de traitement dans lesquelles les arbres ont été élevés. D'où la nécessité de calculer cette loi séparément pour les arbres de même essence de chaque forêt, ou au moins de vérifier par quelques expériences, si la loi de décroissement dont on voudrait se servir s'applique bien aux arbres sur lesquels on opère.

Pour le chêne, on considère assez généralement que la circonférence au milieu d'une pièce de bois de service est une moyenne proportionnelle entre les deux circonférences extrêmes, et nous verrons plus tard que l'on se fonde sur ce fait d'expérience pour cuber les pièces en grume comme des cylindres qui auraient pour base le cercle compris dans la circonférence du milieu. En comparant la circonférence du milieu avec la circonférence mesurée à 1m ou 1m. 33 de la section d'abatage, ou plus exactement à l'endroit où la tige commence à prendre sa forme régulière, on a remarqué, assez généralement aussi, que la circonférence du milieu ou la circonférence moyenne d'une pièce de chêne était égale aux 9/10es de la circonférence à 1m. du sol. D'où cette conséquence, que la circonférence au petit bout doit être approximativement égale aux 4/5es de la circonférence à la base.

C'est d'après cette loi (que nous recommandons expressément de vérifier avant de l'appliquer à des estimations d'arbres sur pied) que nous avons construit le tableau qui va suivre, et dans lequel on trouvera, en le combinant avec le tableau précédent, l'indication des signaux de toute espèce que peuvent fournir les chênes sur pied, d'après leur circonférence à la base et la longueur de leur fût.

Classement des arbres sur pied, en signaux et en espèces de marine, d'après leurs formes et leurs dimensions.

Circonférence à la base.	Équarrissage. Milieu	Équarrissage. Petit bout	26	30	32	36	40	44	46	48	50	52	56	60	70	80	84	86	90	94	96	100	108	110	120
			Longueur en décimètres.																						
m 1,25	m 0,22	0,20									6P														
1,35	0,24	0,22	6G 7BA																						
1,45	0,26	0,23													5P										
1,50	0,27	0,24			5G									6B2	5BG										
1,55	0,28	0,25													5P										
1,60	0,29	0,26				6A																			
1,65	0,30	0,26					4PT										4*P		4P						
1,75	0,31	0,28				4G																			
1,80	0,32	0,29		6VA		6BA	5GR 5AR		6V						5B2		4*P		4P						
1,90	0m,34	0,30								3PT						4BG				3*P		3P			
2,00	0,36	0,32				5J 5VA	5G 5A 6B1				5V 4B				4PR	4Q¹ 4B			4B2	3*P 3BG		3P			
2,10	0,38	0,34										2PT													
2,20	0,40	0,35					4VA						1PT	4V											
2,25	0,40	0,36					5DV	4A	2G					3E	4Q²	4DB 3PR 4MG			3Q¹ 3B			2*P 3B2		2P 2BG	
2,35	"	"																							
2,40	0,43	0,38							5B1										2PR						
2,45	0,44	0,39					3VA 4A								5V										
2,50	0,45	0,40								5A 4GR 4AR	1G				2E 4ET	3Q²		3DB				1PR 2B 2Q¹			
2,55	0,46	0,41					2GU 5J																		
2,65	0,48	0,43						2VA 3A			4DV					2V									
2,75	0,49	0,44														3ET			2Q² 2DB 1E					1Q¹	1B
2,80	0,50	0,45												3DV											
2,85	0,51	0,46																2ET	3MG						
3,00	0,54	0,48								1GU															
3,10	0,56	0,50									4J												1ET		
3,25	"	"																			2MG				
3,55	0,64	0,57												3J											
3,65	"	"																				1MG			

La circonférence à la base se mesure à 1m. ou 1m.33 du sol, environ. — Les côtés d'équarrissage ont été obtenus en prenant le 5e. de la circonférence au milieu et au petit bout. — La circonférence du milieu a été supposée égale aux 9/10es de la circonférence à la base. — La circonférence du petit bout a été supposée égale aux 4/5es de la circonférence de base. ═══ * Il est accordé, moyennant une réduction de prix stipulée au cahier des charges de 1857, une tolérance de 10 décimètres sur la longueur des plançons de 2e. espèce, et de 6 décimètres sur celle des plançons de 3e. et de 4e. espèce.

Art. 3.

De l'emploi des principales pièces de bois de chêne, dans les constructions navales.

Afin de faciliter l'étude et l'emploi des tarifs précédents, afin d'apprendre à distinguer sûrement les conditions que doit réunir une pièce de bois en grume pour être propre à la marine et la valeur particulière qu'elle peut avoir en raison de sa forme et de ses dimensions; afin de faire ressortir l'intérêt qui s'attache à cette partie importante de la production forestière nous allons indiquer l'emploi de chaque signal dans la construction d'un vaisseau, la place qu'il occupe dans la charpente du bâtiment et les qualités particulières que le bois doit offrir dans chaque signal, c'est-à-dire selon l'emploi auquel il est destiné. Dans cette nouvelle nomenclature, nous suivrons à peu près l'ordre dans lequel les divers signaux sont mis en œuvre.

I

Quille. – Pièce droite formant la base du bâtiment et placée dans son axe longitudinal. Elle reçoit les entailles des couples ou côtes qui composent la carcasse du navire. C'est sur elle que s'appuient à l'avant et à l'arrière, l'étrave et l'étambot qui sont avec elle dans un même plan et dessinent les contours extrêmes du plan longitudinal. On superpose ordinairement sur la quille une contre quille pour la renforcer, et sous la quille une autre pièce que l'on nomme fausse-quille. Voir fig. I - Q, quille – Cq, contre-quille. – fq. fausse-quille.

Fig. I.

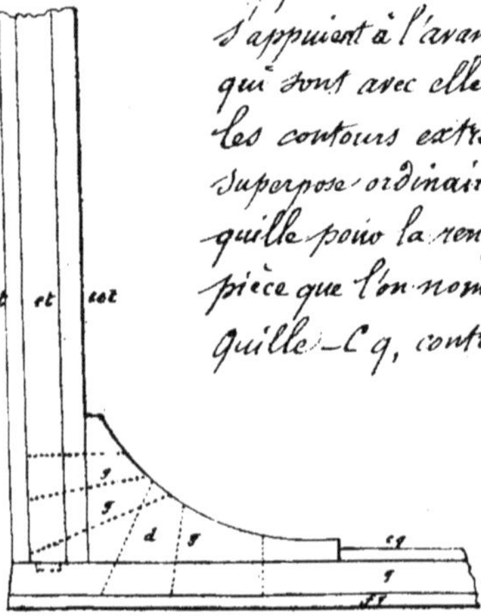

Fig. II.

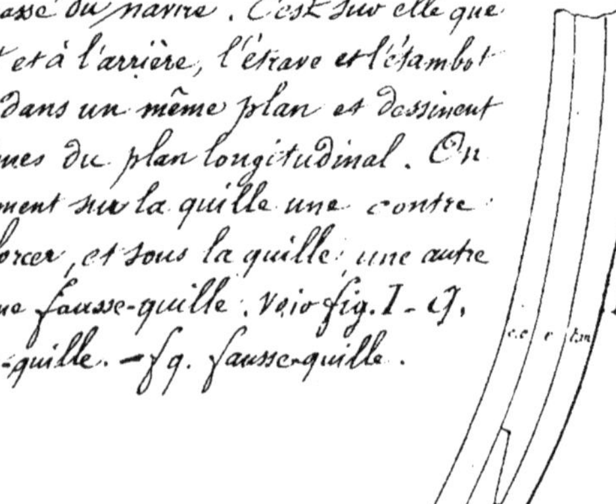

Etambot. – Pièce droite qui se dresse à l'arrière sur la quille de manière à former avec elle un angle plus ou moins obtus que l'on nomme quête. L'étambot porte les ferrures qui soutiennent le gouvernail. Il se relie à la quille par la courbe d'étambot, dont une branche est chevillée avec la quille et l'autre avec l'étambot, voir fig. I. Etambot monté sur la quille – e, étambot. – c e, contre étambot. – f, e, faux étambot. – d, courbe d'étambot. – g chevilles (vaisseau de 120 canons, echelle de 0m. 01 pour mètre.)

Etrave – Pièce courbe, formant l'avant du bâtiment; elle se relie à la quille par une pièce que l'on nomme Brion, voir fig. II. Etrave montée sur la quille – e, étrave – c e, contre étrave. – t m, taillemer, il forme la base de la guibre qui termine le vaisseau à l'avant.

Brion – Pièce à forte courbure; droite dans sa partie inférieure pour le prolongement de la quille et s'élevant en courbe pour ébaucher la base de l'étrave – voir fig. II – b, brion – a, écart ou assemblage de la quille avec le brion – g, c g, f g, comme dans la fig. I

Observations. – Toutes ces pièces doivent être en bois de chêne de la meilleure qualité, parceque ce sont elles qui ont à supporter le plus de fatigue dans la marche et la manœuvre du bâtiment. Ces pièces doivent donc être exemptes de tous défauts et notamment de ceux qui seraient de nature à diminuer la force du bois, ou à occasionner des voies d'eau.

Le tarif des recettes admet les quilles qui présenteraient un défourni (diminution sur l'équarrissage) au petit bout, pourvu que le défourni n'existe que sur une des faces, et seulement sur une longueur égale au 1/6 de la longueur totale. Le motif de cette tolérance est que les pièces de quille doivent être entaillées sur une face pour s'assembler entr'elles ou avec la courbe de brion, par l'une de leurs extrémités. La même tolérance est admise pour l'une des faces de tour de l'Etrave en raison de son mode d'assemblage avec la branche du Brion. Quant à l'Etambot, il est assujetti aux mêmes conditions que la quille, sauf qu'il n'est pas toléré de défourni au petit bout; cette différence s'explique par son mode d'assemblage avec la quille (voir fig. 1).

L'orme champêtre pourrait remplacer le chêne dans les pièces de quille, et en général dans toutes les parties de la charpente qui sont sous l'eau. Mais cette précieuse essence est rare dans nos forêts et son prix est généralement supérieur à celui du chêne bien que sa croissance soit beaucoup plus rapide.(1) On en emploie cependant une quantité assez notable dans les arsenaux de l'Etat à la fabrication ou à la construction d'objets d'armement, et dans les chantiers du commerce, à la construction des navires de la marine marchande, des bateaux de pêche &c. Ces bois proviennent ordinairement d'arbres plantés isolément dans des propriétés particulières, et ne présentent que rarement les dimensions et les qualités nécessaires aux grands emplois.

Les pièces de quille, d'étambot, d'étrave et de brion sont rares dans nos forêts, du moins en première espèce.

II

La membrure d'un vaisseau, autrement dit les couples se composent des différentes pièces énumérées ci-dessous et qui entrent dans leur assemblage suivant les formes qu'elles affectent. Ces formes leur sont imposées par le tracé du bâtiment à construire. En commençant par le bas, ce sont :

Les varangues plates – Pièces à une courbure qui s'entaillent et se placent à cheval sur la quille, perpendiculairement à celle-ci, et qui s'étendent des deux côtés sur une certaine longueur, avec leur convexité par le bas. Ces pièces s'emploient dans la partie centrale.

---

(1) Le cahier des charges de 1857 autorise les fournisseurs de la marine à remplacer le chêne par l'orme champêtre dans la fourniture des pièces de quille de 1re et 2me espèces.

Les demi-varangues. – Pièces courbes accolées ou juxtaposées aux précédentes pour former le couple composé comme son nom l'indique de deux plans de bois. Les demi-varangues se joignent bout à bout et s'arrêtent sur l'axe de la quille. – voir fig. III. – Partie basse d'un couple du milieu d'un vaisseau à trois ponts. – Vp, varangue plate. – d v, demi varangue, placée devant ou derrière la varangue plate, dans le second plan de bois du couple. – Q, quille. – C, carlingue, pièce de bois placée parallèlement à la quille, à l'intérieur du bâtiment – f, chevilles reliant la carlingue et la quille.

Les genoux – Ce sont des pièces à une courbure, placée à la suite des varangues et des demi-varangues dans les parties cintrées du couple. voir fig. III. – g, genou.

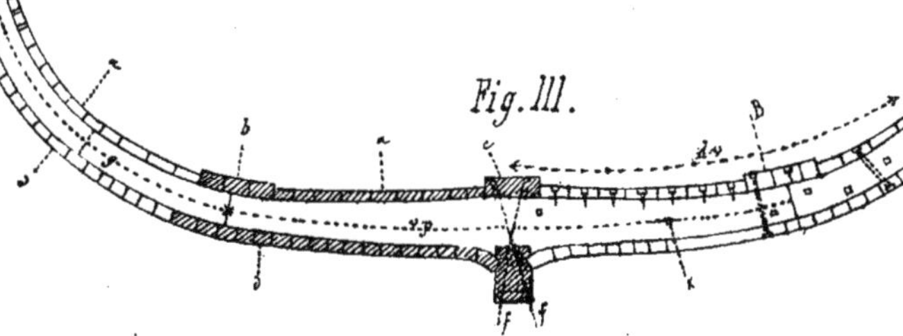

Echelle de 0m.01 p. mètre

Les allonges et les bouts d'allonge. – Pièce à une courbure servant à compléter la formation du couple jusqu'à la partie supérieure du bâtiment. Ces pièces sont apposées bout à bout, les unes à la suite des autres, de manière que les joints ou écarts des pièces d'un plan correspondent à peu près au milieu des pièces de l'autre plan. Les pièces qui forment les deux plans de chaque couple sont assujetties l'une à l'autre par des chevilles quarrées en fer, appelées gougeon, voir fig III – k, gougeon. (voir aussi fig. V.

Les varangues acculées – Ces pièces à une forte courbure s'emploient comme les varangues plates dans les parties moins plates de la cale des bâtiments. voir fig. IV – Partie basse d'un couple de vaisseau vers les extrémités – va, varangue acculée. –

g, genou. – C, carlingue. – Q, quille.

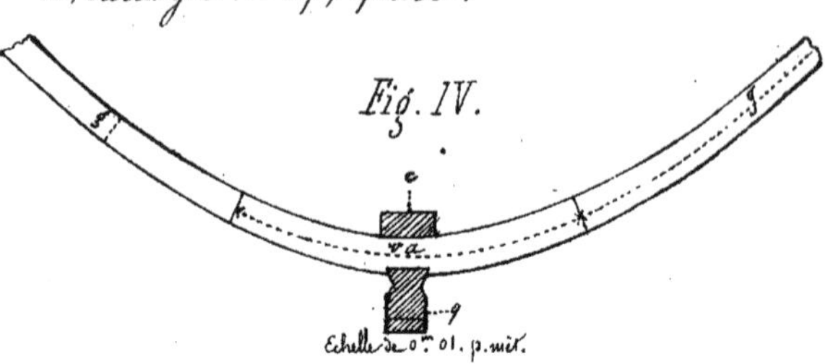

Les genoux de revers. – Ce sont des pièces à deux courbures très prononcées qui remplacent les varangues dans les parties aigües de l'avant et de l'arrière. voir fig. V. – coupe d'un vaisseau dans les parties fines et acculées – gr, genou de revers, – c, carlingue – q, quille.

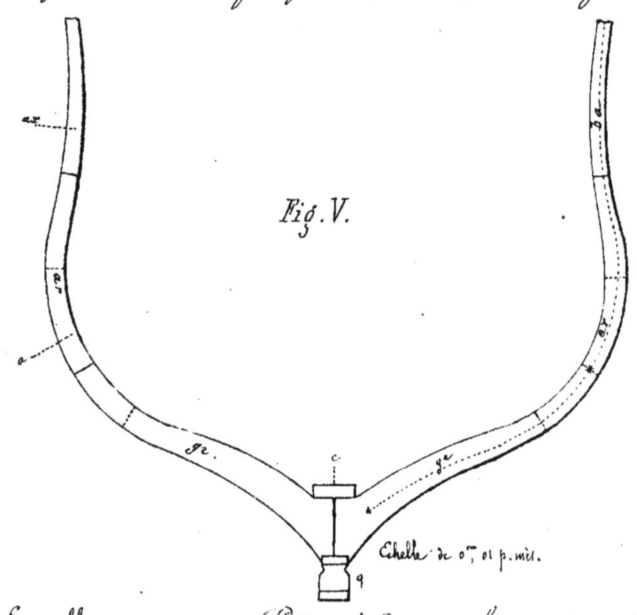

Les allonges de revers. – Pièces à deux courbures qui remplacent les genoux dans les parties aigües de l'avant et de l'arrière. voir fig. V – ar, allonge de revers – a, allonge – ba, bout d'allonge.

En résumé, on voit que, perpendiculairement au plan qui passe par l'axe de la quille, s'élèvent une suite de fermes doubles composées chacune de deux rangs de pièces de bois appliquées les unes à côté des autres et chevillées solidement ensemble. Ce sont les couples dont l'ensemble forme la membrure du bâtiment. Entre deux couples, on laisse toujours un intervalle de quelques pouces qu'on nomme maille. Ces vides rendent la charpente plus légère et facilitent la circulation de l'air et l'écoulement de l'eau entre les différentes pièces que des contacts trops multipliés feraient pourrir très rapidement.

Observations. - Les pièces qui servent à former la membrure ou les couples des bâtiments de la marine militaire, sont en bois de chêne. Ce que l'on demande spécialement aux bois destinés à cet emploi, c'est d'être sains, nerveux et exempts de défauts qui pourraient engendrer ou favoriser la pourriture, et par suite compromettre la solidité et la durée du bâtiment. On conçoit en effet que les pièces les plus importantes, celles qui forment la partie inférieure des couples, sont d'autant plus exposées à s'échauffer et à pourrir qu'elles sont placées dans un milieu moins aéré, plus humide et plus chaud. Mais les fortes gercures, les fibres torses, de légères roulures, les nœuds sains et les cavités qui proviennent du sondage des pièces ne s'opposent pas à leur emploi dans cette partie de la charpente. Les fortes gercures et les fentes sont, au contraire, un signe qui atteste de la qualité de ces bois comme force et durée, seulement pour prévenir les voies d'eau qu'elles pourraient occasionner, on prend la précaution de les calfater après qu'elles sont mises en œuvre.

Le tarif des recettes ne dit pas que ces pièces puissent être admises avec un défourni, mais on lit dans le cahier des charges de 1857, article 24. « Sauf les exceptions portées au tarif pour les pièces de quille, étambots, mèches de gouvernail, bittes, baux, barrots de gaillard et étraves, l'aubier et les défournis ou flaches existant aux angles des pièces, ne donneront lieu à aucune réduction lorsqu'ils n'excéderont pas, à chaque angle, quinze pour cent de la largeur de la pièce à l'endroit correspondant à l'aubico ou au défourni, et lorsque d'ailleurs les faces seront saines et sans défectuosités. – Le défourni ou l'aubier se mesurera sur les faces des pièces et non diagonalement » — Cette tolérance est extrêmement importante et nous la signalons comme facilitant beaucoup la fourniture des bois courbants les plus rares par leurs formes et leurs dimensions.

Parmi les bois qui entrent dans la construction de la membrure, se trouvent des pièces à très forte courbure (1) que l'on ne rencontre que rarement dans nos forêts, du moins en 1.re 2.e et même 3.e espèces, parceque dans les exploitations nous avons une tendance générale à ne réserver que des arbres droits et d'un beau port, comme étant moins dommageables aux sous bois par leur couvert. Il serait cependant d'un grand intérêt pour l'État d'élever dans les futaies comme dans les taillis, des chênes propres à fournir des courbes et des courbants à la marine, en réservant spécialement ceux qui, placés sur la limite des forêts, sur les lisières des coupes, ou sur le

---

(1) Ce sont les varangues acculées, les genoux, les guirlandes. Ces pièces proviennent pour la plupart de chênes qui ont crû isolément. On voit beaucoup de ces chênes plantés en haie ou en bordure sur le bord de fossés qui servent de limites aux propriétés, dans les départements de l'ouest de la France. De là le nom de bois de fossé que l'on donne dans les ports aux pièces de marine qui proviennent de ces arbres. Ces chênes sont souvent viciés par suite des élagages répétés auxquels ils ont été soumis, mais quand ils sont exempts de vices, leur bois est réputé de la meilleure qualité et valoir celui des chênes d'Italie. Tels sont ceux qui proviennent du Calvados ou des contrées voisines, et ceux qui viennent des Landes et que l'on désigne plus spécialement sous le nom de bois de Bayonne. Nous avons vu de ces chênes à Cherbourg et à Brest et nous avons été frappé de leur qualité comme force, et de la rapidité avec laquelle ils ont crû; leur bois est dur comme de la corne et se prêterait mal à des ouvrages de fente, sa couleur est d'un blanc jaune rosé, et l'épaisseur des couches concentriques annuelles dépasse assez souvent 2 centimètres. Du reste ces bois sont généralement courts, noueux, mal contournés et seraient d'un emploi difficile dans les constructions ordinaires et d'un mauvais usage comme sciages.

bord des chemins, affectent les formes les plus rares et les plus recherchées.

III.

Pour compléter la construction du bâtiment comme coque, on applique à l'intérieur et à l'extérieur des couples, un revêtement de pièces de bois juxtaposées longitudinalement, que l'on nomme bordages et qui, avec les couples, forment la muraille du bâtiment. Ce revêtement prend à l'intérieur le nom de vaigrage, et les bordages sont alors des vaigres. Les vaigres ordinaires se nomment vaigres de point. Les vaigres de plus forte épaisseur que l'on place dans les parties inférieures pour renforcer les fonds, se nomment vaigres d'empâture, voir fig. III — a, vaigres de point. b, vaigres d'empâture.

Le revêtement extérieur du vaisseau ou la pose des bordages, n'a lieu qu'après le vaigrage ou le revêtement intérieur, et l'établissement de la charpente des ponts. Cette charpente doit être très solide, parcequ'elle sert à relier entr'elles les membrures opposées de chaque bord, et parceque dans les vaisseaux de guerre, les ponts sont surtout destinés à porter l'artillerie. Voici les principales pièces qui entrent dans cette construction.

Les baux — Ce sont des pièces légèrement courbes que l'on place à l'intérieur du bâtiment dans un sens perpendiculaire à la quille pour recevoir les bordages ou planchers des ponts. Les baux s'appuient par leurs extrémités sur une sorte de corniche en bois que l'on nomme bauquière. Cette corniche est formée de forts bordages placés longitudinalement les uns à la suite des autres contre la membrure, et solidement chevillés avec elle. Les baux ont leur face convexe tournée vers le ciel de manière à déterminer la forme en dos d'âne qu'il convient de donner à la surface du plancher des ponts, pour faciliter l'écoulement des eaux.

Dans les vaisseaux de guerre, on est souvent obligé de faire les baux de deux ou de trois pièces, à cause de la grande distance qu'il y a d'un bord à l'autre. De là, les demi-baux qui arc-boutent l'un contre l'autre et sont assemblés et fortement reliés entr'eux par des chevilles rivées ou boulonnées.

Les baux qui sont destinés au pont supérieur ou ponts des gaillards, prennent le nom de Barrots de gaillard.

Les courbes de pont sont des pièces à forte courbure que l'on place aux angles des ponts avec les murailles; elles sont formées par l'insertion d'une branche dans le tronc de l'arbre. Ces courbes ont chacune une branche chevillée avec un des baux et l'autre avec la membrure; Elles ont pour objet de maintenir l'union des ponts avec les parties latérales de la charpente. voir fig. VI.

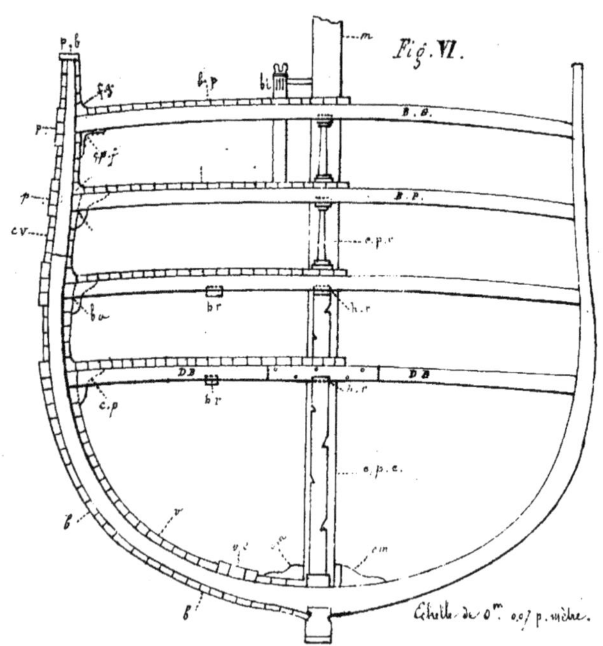

Fig. VI – Section d'un vaisseau à trois ponts, perpendiculaire à la quille, échelle de 0m 007 par mètre.

CV, couple du vaisseau. – b, bordages – v, vaigres – ve, vaigre d'empâture – p b, plat bord – BG, bau des gaillards. – BP, bau de pont. – DB, demi-bau. – bp, bordages des ponts (en pin) sylvestre) - fg, fourrure de gouttière, dans l'angle du pont avec la muraille, elle est percée d'ouvertures ou dallots servant à l'écoulement des eaux - ba, banquières, - cp, courbe de pont. - cpf, courbe de pont en fer - hr, hiloires renversées, placées dans toute la longueur du vaisseau pour relier les baux entr'eux - epc, épontille de cale servant à soutenir les ponts - ep, épontille de pont. - em, emplanture du mât. - m, mât - bi, bitte de pied de mât.

Les guirlandes sont des pièces à une courbure que l'on emploie à l'intérieur du bâtiment, à l'avant et à l'arrière, pour relier et solidifier les pièces de la membrure et empêcher l'écartement des bords.

La courbe de jottereau est une pièce à forte courbure, destinée à soutenir l'éperon saillant que porte l'avant du navire. L'une des branches du jottereau s'applique sur la membrure et l'autre sur cet éperon.

Observations. - Les pièces que l'on emploie pour former la charpente des ponts sont: les baux, les demi-baux et les courbes de pont. Ces mêmes pièces servent aussi avec les guirlandes à relier et à solidifier les parties opposées des couples et à empêcher l'écartement des bords.

Les baux et les demi-baux entrent en très grand nombre dans la construction de la charpente des ponts. On ne compte pas moins de 150 baux dans la charpente d'un vaisseau de 1er rang. Le Montebello, vaisseau de 120 dont le modèle est à l'école forestière en porte 148 — Les baux et les demi-baux se font en bois de chêne, ou en bois de pin sylvestre ou du nord, de pin Laricio, ou de pin des Florides. Mais la plus grande partie des baux sont en bois résineux, et l'on n'emploie le chêne à cet usage que dans les ponts inférieurs et dans les parties de la charpente des autres ponts qui supportent le plus de fatigue, ou qui sont le plus exposées aux causes de destruction. La raison de la préférence que l'on donne au pin sur le chêne dans cet emploi, c'est que le pin étant plus léger que le chêne, charge moins le bâtiment, et que d'ailleurs il dure et résiste au moins autant que le chêne lorsqu'il est mis en œuvre dans de bonnes conditions. On emploie aussi le pin en demi-bau, mais plus rarement que le chêne, parceque les chevilles qui servent à relier les deux parties d'un bau tiennent moins bien dans le bois résineux.

Les baux de chêne de 1re et 2e espèces sont assez rares dans nos forêts, parceque ce sont des pièces de grande longueur, d'un fort équarrissage et dont la courbure doit être très régulière. Ceux de pin sylvestre étant soumis aux mêmes conditions, quant aux dimensions, à la forme et à la qualité des pièces, seraient aussi très difficiles à trouver, surtout à cause des dimensions de l'équarrissage; mais jusqu'à présent on n'en a point cherché dans les pineraies de France, sauf en Corse où les forêts de Laricio fournissaient naguère, sous ce rapport, de précieuses ressources à la marine.

Les baux étant des pièces de longueur pour lesquelles on n'admet ni défourni, ni tolérance d'aucune sorte en ce qui concerne la qualité du bois, ne pourraient être fournis en grande quantité, que par des arbres élevés en massif de futaie. Mais les bois qui viennent en futaie pleine n'atteignent pas toujours, à l'âge marqué par la révolution, les dimensions nécessaires pour suffire aux conditions d'équarrissage des pièces de marine de 1re et même de 2e espèces. Tout au plus trouve-t-on aujourd'hui dans les massifs de futaie de chêne ou de pin des arbres qui, à l'âge d'exploitation, ont les dimensions nécessaires pour donner des barrots de gaillard. — Pour obtenir des arbres qui offrissent ces grandes dimensions à l'époque de leur exploitation, il faudrait que les futaies de chêne et de pin sylvestre fussent éclaircies beaucoup plus fortement qu'on ne le fait d'habitude, à partir du moment où les arbres ont atteint toute leur croissance en hauteur de fût;[1] ou bien il faudrait, qu'au moment des coupes de régénération, on fît une réserve assez importante des arbres, qui, par leurs formes et leur état de végétation, pourraient fournir, au bout d'un temps plus ou moins long, des pièces de 1re et 2e espèces aux constructions navales.[2] Sans cela, les baux de chêne, de même que les quilles et les autres bois droits de 1re et 2e espèces, seront toujours fournis en grande majorité par des arbres élevés sur taillis, lesquels ne peuvent jamais donner, à nombre égal, ni la même quantité (parcequ'ils sont souvent viciés ou mal conformés), ni la même qualité (parcequ'ils sont noueux) de bois droits propres aux grands emplois, que des arbres de mêmes dimensions venus en futaie.[3]

Les courbes de pont sont en bois de chêne; ces pièces sont assez difficiles à trouver, du moins en quantité suffisante pour les besoins de la marine, aussi les remplace-t-on généralement aujourd'hui, par des courbes en fer. Les courbes de pont en fer ont aussi l'avantage d'occuper moins de place dans l'intérieur du bâtiment que les courbes de pont en bois.

Le plancher des ponts se fait en bois de chêne et de pin. Les planches qui servent à cet usage reçoivent le nom de bordages de pont. Leur largeur varie de quinze à vingt centimètres, leur épaisseur de quatre à douze centimètres. Les

---

(1) Voir le cours de culture des bois de M.M. Lorentz et Parade - Liv. 3e chapre 2e art. III et XIV.

(2) id — art. III.

(3) Au surplus les fournisseurs de la marine ne doivent pas souvent présenter de baux de chêne en recette, parceque à l'exception de la 1re espèce, les baux de 2e 3e et 4e espèces peuvent passer pour des plançons de même espèce et que les conditions de recettes sont plus rigoureuses pour les baux que pour les plançons.

ponts et les faux ponts sont tout entiers bordés avec du pin, à l'exception de la partie voisine des bords, sur laquelle roulent les canons dans la manœuvre, qui est bordée avec du chêne. On évite aussi d'employer du bois susceptible d'un très beau poli, le Pin des Florides par exemple, pour border le pont des gaillards, parceque il devient trop glissant.

IV

Plançons. C'est dans le but de se procurer des bordages de toutes dimensions que la marine recherche les plançons, pièces droites ou ayant peu de courbure que l'on débite à la scie dans les arsenaux.

Pièces de tour. Ce sont des pièces à une courbure, destinées à être employées comme bordages à l'avant et à l'arrière, et à former les joues et les hanches du bâtiment. Les pièces de tour sont aussi employées comme les guirlandes.

Préceintes. - Ce sont des bordages de plus fortes dimensions que le reste du revêtement, que l'on place à la hauteur des ponts et qui doivent recevoir les ferrures qui servent à la manœuvre des canons. voir fig. VI - p, préceintes, b, bordages - v, vaigres.

Les préceintes de tour, sont celles que l'on emploie à l'avant et à l'arrière; elles ont une courbure plus forte que celles qui s'appliquent dans la partie centrale de la muraille.

Les bois à deux bouges sont des pièces à deux courbures dans deux plans différents, que l'on emploie comme les préceintes, ou dont on se sert pour dessiner la forme extérieure de l'arrière du vaisseau - voir fig. VII. Vue longitudinale de la muraille d'un vaisseau faisant voir le boisage. - C, couples. - PR, préceintes. - PB, plat bord. - S, sabords de la 1re batterie. S2, sabords de la 2me batterie. - S3, sabords de la 3e batterie. - SG, sabords des gaillards. - m, maille ou écart de deux couples.

Observations. Les plançons, les pièces de tour, les préceintes de tour et les bois à deux bouges sont des signaux qui servent au bordage intérieur et extérieur du bâtiment. Ces pièces s'emploient entières, ou refendues à la scie en madriers plus ou

Fig. VII.

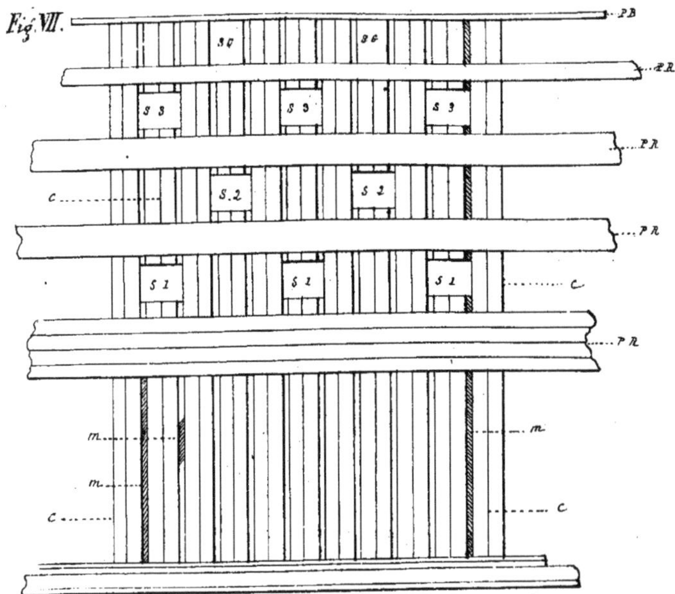

moins épais selon la place qu'ils doivent occuper. Les bordages les plus épais, après les préceintes, sont ceux qui occupent la partie la plus évasée de la coque; les autres vont en diminuant d'épaisseur en se rapprochant de la quille ou du plat bord.

La plus grande partie des bordages sont en bois de chêne, les uns proviennent du débit des pièces que nous venons d'énumérer, les autres nous arrivent tout façonnés des provinces de la Baltique.(1) Le pin sert aussi quelquefois à cet usage, mais seulement dans les parties voisines du plat bord. On prétend même que le pin

---

(1) Tarif spécial de recette des bordages de chêne de la Baltique.

Ports de provenance.	Longueurs		Minima de		Assortiment de l'ensemble de chaque fourniture.	Observations.
	Minimum.	Moyennes.	Largeurs.	Epaisseurs.		
	décimèt.	décimèt.	centimè.	centimèt.		
Dantzick	70	96	28	10 à 12	5/9 } 2/3 } 1	
	70	96	24	10 à 12	1/9	
	70	85	24	5 à 9	1/3	
Stettin	70	85	24	5 à 12		
Memel	70	85	28	15 à 25		
	54	85		5 à 14		
Kœnigsberg	54	85	22	5 à 7 1/2		

sylvestre ou du nord de bonne qualité, le pin des Florides et le Mélèze pourraient être employés comme bordages dans les parties basses de la coque, sous l'eau, et qu'ils feraient un aussi bon usage que le chêne. Mais ces bois deviennent trop rares pour recevoir cet emploi en grand. Ce serait donc d'un grand intérêt pour notre pays que d'arriver à produire en France du pin sylvestre qui put remplacer celui que l'on fait venir des provinces de la Baltique pour les besoins de la marine impériale. Nous avons vu une quantité considérable de bordages de pin dans les magasins de Cherbourg et nous pouvons affirmer qu'ils ne sont pas supérieurs en qualité, à ceux que l'on pourrait tirer des forêts de Bitche et de Hagenau. Mais nous reconnaissons que ces forêts, dans l'état actuel de leurs peuplements, ne pourraient fournir que des quantités peu importantes de ces bois, parceque la qualité et la largeur que doivent présenter les bordages de pin, exigent que les arbres dont ils proviennent aient des dimensions en diamètre, (défalcation faite de l'aubier) que l'on ne rencontre pas communément dans les conditions actuelles d'exploitation des pineraies de ces contrées. On en jugera du reste par l'extrait que nous donnons ci-après du tarif général de recette des bois de marine.

Tarif spécial de recette des bois résineux de la Baltique.

Désignation des pièces.	Longueur minimum.		Longueur moyenne suivant les provenances.			Largeur ou diamètre minimum		Épaisseur. Minimum	Observations
			Dantzick.	Riga Windau Königsberg.	Memel.				
	décim.		décim.	décim.	décim.	centim.		centim.	
Billons ronds	70		85	85	85	28		"	
Poutres à huit pans dites à la hollandaise.....	50		76	76	76	26		26	
Poutres carrées dites à l'anglaise, 1re classe	54		85	85	85	28		28	
Poutres carrées dites à l'anglaise, 2e classe	54		85	85	85	26		26	
	Dantzick	Autres ports de la Baltique				Minimum	Maximum		
Bordages et bouts de bordages.	90	54	110	85	60	20	26	5. 6, 7, 7 1/2, 8, 8 1/2, 9, 10. 11, 12	

(1) Les tolérances à l'égard de l'aubier, des nœuds et des fentes seront indiquées dans le cahier des charges. Les cahiers des charges fixeront les proportions suivant lesquelles les bordages de chaque épaisseur devront entrer dans les fournitures : ne pourront être classés comme bordages ceux où le cœur serait compris entre les deux faces, ou marqué sur les deux faces, ou même marqué sur une seule face, s'il pénètre jusqu'au milieu de l'épaisseur.

Les plançons, les pièces de tour, les préceintes de tour, les bois à deux bouges doivent être exempts de tous défauts, tels que : la roulure, la gélivure, la torsion des fibres &c.ª qui ne permettraient pas le débit en bordages. On conçoit en effet que les bordages qui proviendraient du débit d'un bois tors ou virant, par exemple, n'auraient pas toute la solidité désirable, parceque dans le sciage des pièces les fibres seraient coupées à plusieurs endroits et perdraient beaucoup de leur force. Mais pour les pièces de chêne que l'on doit employer comme bordages, on n'exige pas que le bois soit aussi dur, aussi nerveux que pour les autres parties de la membrure, parceque les bois très nerveux sont les plus disposés à se fendre, et que les grosses fentes pourraient occasionner des voies d'eau.

Le hêtre peut aussi servir au bordage extérieur des bâtiments, mais seulement dans la partie de la coque qui est sous l'eau. Le vaisseau le Conquérant qui a été construit sous le 1.er empire et qui a été démoli depuis peu d'années, était bordé avec du bois de hêtre qui a fait un très bon usage. Le défaut que l'on reproche surtout au hêtre c'est qu'il se voile beaucoup, quand il est mis à sec, et que son bois se pique et s'altère promptement quand il est exposé aux alternatives de sécheresse et d'humidité. Mais on espère pouvoir remédier à cet inconvénient, et dans ce moment on fait l'essai de ce bois sur plusieurs bâtiments de transport dont un des côtés de la carène est bordé avec du chêne, et l'autre avec du hêtre injecté de sulfate de cuivre.

V.

Les bittes sont des pièces droites qui sont fixées debout à peu de distance des mâts. Ces pièces sont garnies de trous, de ferrures et de rouets pour la manœuvre des mâts supérieurs et des vergues — voir fig. VI - bi, bitte.

La mèche de gouvernail est la pièce supérieure qui reçoit

le trou dans lequel passe la barre destinée à la manœuvrer, voir fig. VIII. — Gouvernail de vaisseau. — MG, mèche de gouvernail. — a trou de la barre. — b, entailles pour les ferrures destinées à porter le gouvernail.

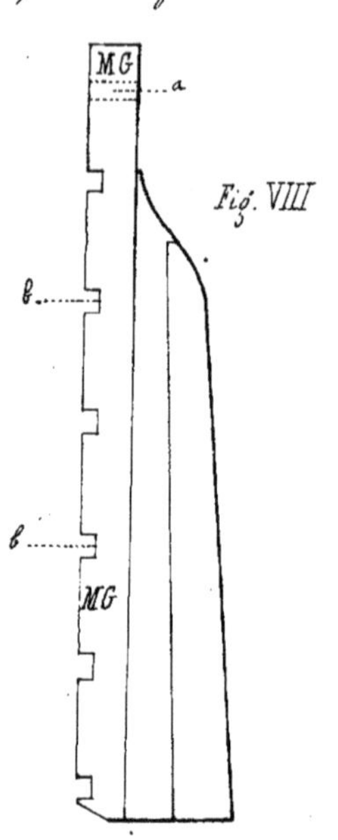

Fig. VIII

Le jas d'ancre. Double pièce courbe embrassant la verge de l'ancre au dessous de l'organeau. Chaque pièce étant fixée perpendiculairement au plan des becs, est destinée à empêcher l'ancre de tomber à plat au fond de la mer quand on mouille. — voir fig. IX.

Les pouties, solives et accores sont des signaux de déchéance provenant des plançons vicieux ou fendus. — Les accores en particulier servent à soutenir le bâtiment sur cale pendant sa construction.

Observations. — De toutes les pièces de bois qui sont employées dans les constructions navales, la mèche de gouvernail est celle qui présente le plus fort équarrissage. De plus la pièce doit être tout à fait droite et sans défourni, le bois sain, nerveux, exempt de tous défauts et particulièrement de la torsion des fibres. C'est dire combien ces pièces doivent se rencontrer rarement dans nos forêts;

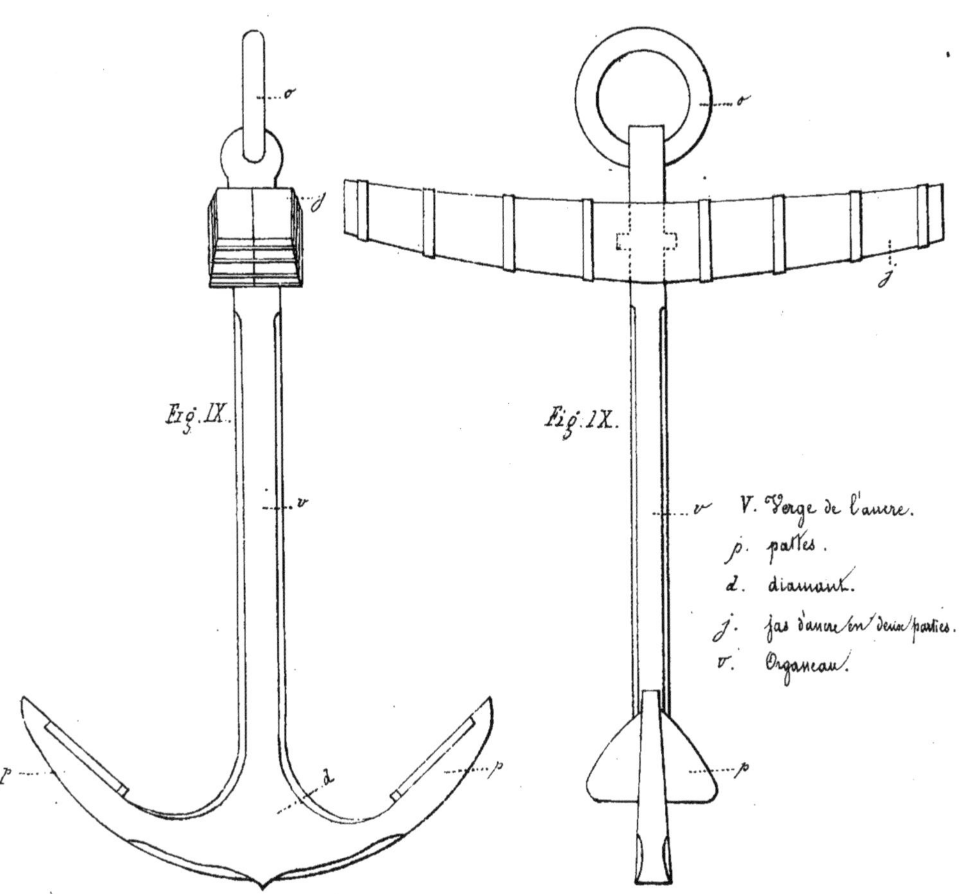

cependant, on ne voit pas dans le cahier des charges relatives aux fournitures de la marine que ce signal se paie avec prime, comme les quilles et les étambots de 1re espèce, ou comme les courbes de 1re et 2e espèces. Cela tient peut-être à ce que la mèche de gouvernail peut avoir une tout autre forme que celle qu'on lui voit dans la figure précédente, et à l'usage qui s'est introduit depuis peu de substituer le fer au bois dans la partie supérieure de cette pièce.

Art.e 4.

Nomenclature et classement des bois résineux employés à la mâture.

Nous avons déjà dit que la marine emploie une quantité considérable de bois résineux dans ses constructions, et nous avons vu que le bois de pin, de bonne qualité, sert concurremment avec le chêne à faire des baux, des demi-baux des barrots de gaillard et des bordages.

Le pin sert aussi exclusivement à la mâture des bâtiments de toute dimension de la marine impériale (1). Mais jusqu'à présent, on a préféré, pour cet usage, le pin sylvestre du Nord de l'Europe et le Pin des Florides (pinus australis) à ceux que nous produisons en france.

Les observations faites par M. M. Martins et Bravais sur la croissance des pins les plus estimés du Nord de l'Europe (Annales forest. T. 11) nous apprennent que ces bois croissent dans des terrains secs et sablonneux et dans des contrées dont la température moyenne est comprise ent. 2° et 6° cent. Dans ces

---

(1) Dans la marine du commerce on emploie souvent le sapin pour la mâture et les vergues des bâtiments de toute dimension. On nous a même affirmé que les plus beaux sapins des forêts du Jura étaient employés à cet usage dans les chantiers maritimes de Nantes, de Bordeaux et de Marseille. — Au surplus des expériences faites en 1846, par une commission composée de forestiers et d'Ingénieurs civils, militaires et maritimes, ont constaté que les sapins des forêts du département de l'Aude, arrondiss.t de Limoux, offrent une plus grande force de résistance ou de ténacité que les autres bois résineux (le pin des florides excepté) tels que : le pin du Nord le pin du Canada, le mélèze de Trieste, l'Epicéa, le sapin de Trieste que l'on emploie dans les chantiers de la marine à Toulon. Ce qui fait l'infériorité réelle du sapin, par rapport aux pins du Nord et des Florides, dans les constructions navales et spécialement dans la mâture, c'est que son bois se dessèche promptement et profondément, qu'il est sujet à l'échauffement (pourriture sèche) qu'il dure peu, et qu'étant moins élastique que le Pin, les mâts de cette essence ne se redressent pas exactement comme ceux du pin quand ils ont été courbés sous l'action d'une pression forte et quelque peu prolongée.

climats, le bois croît lentement mais également, les couches annuelles ont une épaisseur d'un millimètre environ et les arbres n'atteignent leur maturité que vers l'âge de 250 à 300 ans. Pour obtenir ces résultats en France, ces naturalistes conseillent de créer des pineraies dans les Alpes, à des hauteurs telles que la température moyenne de l'hiver soit au dessous de 4°. — Toutefois, ajoutent-ils, on ne saurait dissimuler l'infériorité des climats de montagne sur les climats des plaines du continent Européen. En effet, ce qu'il faut pour que le pin acquière un beau développement, c'est un été chaud de 13 à 14° en moyenne et un hiver rigoureux, dont la moyenne est indifférente pourvu qu'elle soit au dessous de 4°. — Ces naturalistes citent enfin le climat de Briançon comme étant à peu près dans les conditions favorables à l'éducation des pins propres à la mâture; or il existe dans cette contrée un pin, pinus uncinata, qui a beaucoup d'analogie avec le pin sylvestre, dont le grain est fin et serré, la croissance lente et égale, et qui, s'il est assez résineux, pourrait peut-être remplacer dans nos chantiers les Pins du Nord de l'Europe.

Nous avons en outre le pin laricio qui peuple des étendues de forêt considérables en Corse et dont les excellentes qualités sont bien connues de nos constructeurs. Au sujet du pin laricio, nous lisons ce qui suit dans un mémoire adressé à M. le Ministre de la marine par un ingénieur qui fut chargé vers 1845 de parcourir les forêts de la Corse et de faire connaître approximativement les ressources qu'elles peuvent offrirent aux constructions navales. « Le pin laricio croît dans des sols granitiques très « peu profonds, son grain est fin et serré, ses couches annuelles « sont étroites, ce qui est le caractère[1] des bois de bonne qualité; son

(1) Un bois résineux dont le grain est fin et serré est généralement de bonne qualité, mais on n'en peut pas dire autant de tous les bois dont les couches annuelles sont étroites; car pour le chêne notamment, plus son accroissement est rapide, toutes circonstances égales d'ailleurs, plus son bois a de qualité

« tronc très droit parvient à une très grande élévation sans branches
« et semble destiné par son port à la mâture ; la résine y est
« abondante, ce qui lui assure de la flexibilité et de la durée. Son
« aubier varie de 20 à 30 cent. sur le diamètre, et dans certaines
« localités il n'est que de 8 à 10 cent. » — L'auteur de ce mémoire ajoute que « dès 1787 on tira de la Corse un grand nombre de mâts des plus fortes dimensions, et pendant 10 ans de 1812 à 1822, les pins de Corse suffirent à l'alimentation du port de Toulon. Enfin dans ces dernières années, on a constaté que ces forêts renfermaient encore un bon nombre d'arbres propres à donner des mâts, des mâtereaux, des plançons, des baux et des espars. La difficulté est de sortir ces bois des forêts qu'ils peuplent et de les amener jusque dans les ports d'embarquement de la Corse. Or en tenant compte des dépenses que couterait l'établissement des routes nécessaires à la vidange de ces produits, et en affectant cette dépense uniquement à la production forestière actuelle, on a calculé que ces bois rendus à Toulon, couteraient à l'État moins cher que ceux qu'il fait venir du nord de l'Europe et des Florides. On va même jusqu'à affirmer que si ces forêts étaient convenablement traitées et aménagées, leurs produits suffiraient aux approvisionnements de nos arsenaux, en bois résineux et notamment en mâtures qu'il est si difficile de se procurer à présent et dont la rareté augmente tous les jours.

En présence de ces faits, nous croyons utile de faire connaître aux agents forestiers les conditions générales que doivent présenter les bois résineux dont on se sert pour la mâture dans les constructions navales.

Proportions et classement de la mâture par degré de qualité et d'utilité.

Classes	Désignations	Grand diam^tre	Petit diam.	Longueur
		cent.	cent.	mètres
1re Classe.	Mâts de hune et vergues.	78	52	26
		75	50	25
		72	48	24
		69	46	23
		66	44	22
		63	42	21
		60	40	20
		57	38	19
		54	36	18
		51	34	17
2e Classe.	Mèches et Jumelles supérieures	84	56	28
		81	54	27
		78	52	26
		75	50	25
		72	48	24
		69	46	23
		66	44	22
		63	42	21
		60	40	20
		57	38	19
		54	36	18
		51	34	17

Classes	Désignations	Grand diam.	Petit diam.	Longueur
		cent.	cent.	mètres
3e classe.	Mèches et Jumelles inférieures	84	56	28
		81	54	26
		78	52	26
		75	50	25
		72	48	24
		69	46	23
		66	44	22
		63	42	21
		60	40	20
		57	38	19
		54	36	18
		51	34	17
	Mâts tronçonnés.	81	54	18
		78	52	17.40
		75	50	16.80
		72	48	16.20
		69	46	15.60
		66	44	15
		63	42	14.40
		60	40	13.80
		57	38	13.20
		54	36	12.60
		51	34	12

Classes	Désignations	Grand diam.	Petit diam.	Longueur
		cent.	cent.	mètres.
	Mâtereaux	48	32	16.80
		45	30	16:50
		42	28	16.20
		39	26	15.90
		36	24	15.60
	Menus mâtereaux.	33	22	15
		30	20	14
		27	18	13
		24	16	12

Observations.

Les dimensions portées dans la colonne des longueurs pour les mâts, mâtereaux et menus mâtereaux; expriment les longueurs minima que doivent avoir ces pièces.

Aucun mâtereau n'est reçu au dessous des longueurs indiquées.

Précis des règles générales de recette des bois de mâture.

La force ou l'espèce d'un mât est généralement désignée par sa grosseur, et son prix est établi en conséquence.

Pour qu'il soit admis en recette d'après sa grosseur et au prix qui en résulte, il faut qu'il réunisse la longueur exigée et le pro:portionné qui forme le mât régulier.

La grosseur du mât régulier, ou son grand diamètre, ne doit pas être prise au pied de l'arbre, mais au sixième de sa longueur totale, point que l'on appelle le proportionné du gros bout.

Le mesurage du grand diamètre procède de 3 en 3 centimètres: la fraction de 15 millimètres et au dessous est nulle; celle au dessus de 15 millimètres est comptée pour 3 centimètres.

La longueur du mât régulier doit être, en mètre, le tiers du nombre de centimètres contenus au grand diamètre; elle se mesure à prendre du pied de l'arbre, en négligeant la fraction de 15 centimètres et au dessous, et en comptant pour 3 décimètres celle au dessus de 15 centimètres

Le proportionné du mât, c'est-à-dire, son diamètre à la tête, se prend au point où finit la longueur du mât régulier; il doit avoir les deux tiers du grand diamètre, et se mesure par centimètre, en négligeant la fraction de 5 millimètres et au dessous, et en comptant celle au dessus de 5 millimètres pour un centimètre.

Un mât de 72 centimètres, régulier, est celui qui a 72 centimètres de grand diamètre, mesuré à la sixième partie de sa longueur absolue en partant du pied de l'arbre; et qui a 48 centimètres de diamètre pris à sa longueur de 24 mètres.

Mais si ce mât n'a que 47 centimètres à 24 mètres de longueur, on descend le proportionné à 23 mètres de longueur; alors la pièce devient un mât régulier de 69 centimètres. Il est payé comme tel, en tenant compte des excédants, tant sur le grand diamètre qu'au proportionné, ainsi que de la longueur au delà de 23 mètres.

1re Classe, Mats et vergues de hune. – Il faut pour remplir ce premier et essentiel service de la mâture, des mâts d'élite sains, vigoureux, droits, sans nœuds préjudiciables à leur solidité, qui réunissent très exactement la longueur et le proportionné exigé par le tableau de classement.

IIe Classe. Mèches et jumelles supérieures. – Quelques vices légers n'empêchent pas les mâts de remplir ce service intéressant.

On entend par vices légers : 1°. Lorsqu'un mât est un peu tors sur un sens, et qu'on peut, en le travaillant, le redresser sans perte ;

2°. Lorsqu'il a des nœuds petits et sains, mais trop fréquents, ou commençant trop bas pour permettre d'en faire un mât de hune, dont il aurait d'ailleurs la qualité.

3°. Lorsqu'il a de l'aubier assez épais pour faire craindre qu'en le travaillant, il ne faille réduire le proportionné.

IIIe Classe. Mèches et jumelles inférieures. – L'impossibilité d'obtenir que les achats de mâture n'offrent que des mâts de 1re et 2ème classes oblige d'en recevoir de qualité inférieure, qui d'ailleurs remplissent, à peu de chose près, le même service pour les mâts d'assemblage.

C'est ici qu'est assignée la place de toutes les pièces qui ont quelques défectuosités.

On entend par défectuosités : 1°. Le mât un peu tors sur deux sens, ou même assez tors sur un seul sens pour être obligé de le redresser aux dépens du bois, ce qui en diminue la force ;

2°. Le mât chargé de nœuds trop multipliés ou trop gros, ou dont quelques uns sont gâtés.

3°. Celui dont la cime est, ou desséchée, ou dans le cas d'être réduite pour cause d'altération ;

4°. Le fil du bois tourné, effet des coups de vent que l'arbre a essuyés ;

5°. Les roulures, gerçures, frottures peu considérables; s'étant assuré que le mal ne pénètre pas.

Mâts tronçonnés. – Les mats tronçonnés sont ceux qui, se trouvant coupés par des nœuds réunis, ou par des vices au dessous de la longueur régulière; sont cependant capables, avec leur longueur réduite, de former des beauprés d'une seule pièce.

Mâtereaux – Les mâtereaux de 48 à 36 centimètres doivent être d'une belle essence, droits, sans défauts, ayant au moins la longueur portée au tarif.

Menus mâtereaux: Mêmes conditions que pour les mâtereaux.

Qualités des mâts. Le bon mât a le bois de couleur rouge pâle, les couches ligneuses égales, la substance résineuse suffisamment abondante et par couches régulières, le grain fin et serré; les fibres rapprochées et adhérentes, en sorte que, quand on entame la pièce, les copeaux s'en détachent sans sauter en éclats sous le coup de la hache; et si on veut les désunir, ils se déchirent au lieu de se rompre. On observe que ces qualités se manifestent principalement dans les mâts de fraiche coupe, et diminuent dans les mâts de coupe ancienne.

Vices des mâts. Les vices d'essence et même accidentels sont en général annoncés par la couleur blanche et rouge foncé du bois, par le défaut d'une quantité suffisante de substance résineuse, par des nœuds gros, multipliés et gâtés. – Ils sont confirmés par les taches, roulures et gélivures que l'on découvre aux deux bouts de la pièce. Ces vices sont principalement:

1°. Quand l'arbre est couronné ou mort sur pied, ce qui se reconnait particulièrement au dessèchement de la tête du mât et à l'altération de toute sa substance;

2°. Les roulures au cœur, qui permettent à l'eau de pénétrer dans l'intérieur de la pièce, et provoquent son échauffement et sa pourriture;

3°. Les gélivures simples et les cadranures, qui par une ou

plusieurs fentes allant du cœur de l'arbre à la circonférence, rompent les fibres du bois, et altèrent la force de la pièce;

4.° L'entr'écorce, la frotture, lorsqu'elles ont donné lieu à un principe de pourriture;

5.° Des nœuds gros, fréquents, prenant du pied ou du tiers de l'arbre, se détachant avec facilité, ou pourris, ou en rosette, c'est-à-dire dans la même ligne sur plusieurs sens. De pareils nœuds coupent le mât et le mettent le plus souvent tout à fait hors de service, quand même l'essence serait bonne.

6.° Trop d'aubier, trop d'arc sur deux sens, même sur un seul, le cœur de l'arbre placé sur le côté. Ces trois vices obligeraient de réduire la pièce en la travaillant, au point de ne pas pouvoir compter sur sa solidité dans un mât d'assemblage.

Art.e 5.

Emploi des bois de mâture.

Les mâts des vaisseaux, frégates, corvettes et bricks se composent généralement dans leur ensemble, de quatre longueurs disposées les unes au dessus des autres. Le bas mât qui s'implante à fond de cale, le mât de hune, le mât de perroquet et le mât de cacatois.

Différentes conditions essentielles de la mâture se combinent pour rendre obligatoire la construction de chacun des mâts supérieurs en une seule pièce de bois. Il faut qu'ils conservent toute leur flexibilité, que les vergues puissent glisser facilement contre eux quand on les amène, et enfin que le mât lui-même, lorsqu'on le guinde ou qu'on le cale (l'élève ou l'abaisse) ne soit arrêté par aucun obstacle dans son glissement à travers le trou du chouquet. (Le chouquet est

est une pièce de bois percée de deux trous, l'un carré et l'autre rond. Le trou carré reçoit la tête du mât inférieur, le trou rond permet le passage du mat supérieur quand on le cale. (voir fig. X.)

Fig. X.

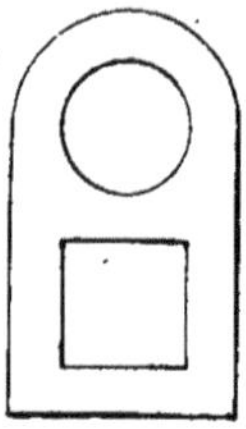

Les bas mâts d'un bâtiment au dessus du rang de bric, ont des dimensions trop considérables pour permettre de les faire d'un seul arbre.

On a recours alors aux mâts d'assemblage composés d'un plus ou moins grand nombre de pièces en épaisseur et en longueur. On comprendra d'autant mieux cette nécessité en remarquant qu'un bas mât de vaisseau de 120 canons, a de 38 à 40 mètres de longueur et 1m.06 centimètres de diamètre au pied; le diamètre au petit bout est les 2/3 du gros diamètre, c'est-à-dire 0m.70 centimètres.

Pour composer un mat d'assemblage, on réunit plusieurs couches de bois et on a soin que dans la longueur les écarts des pièces qui entrent dans l'assemblage se croisent assez pour assurer la solidité de la construction. Ces pièces de bois se réduisent à la tête suivant les dimensions du mât.

Fig. XI.

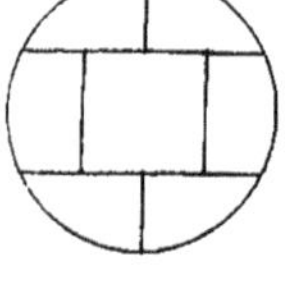

Les couches de bois étant parfaitement dressées au rabot, on les enduit d'une peinture épaisse et on insère entre les couches juxtaposées une série de dés ronds en bois dur placés en échiquier, de manière à prévenir le glissement des pièces les unes contre les autres. Le mât bien arrondi, on consolide l'assemblage au moyen de cercles en fer forgé d'une pièce.

Fig. XI.

Art.e 6.

Des bois employés dans l'emménagement et l'armement des vaisseaux.

Sans vouloir entrer ici dans des détails que ne comportent ni le but ni le cadre de cet ouvrage, nous indiquerons brièvement l'emploi que l'on fait des principales essences, soit dans l'emménagement de l'intérieur des vaisseaux, soit dans la construction ou la fabrication des objets d'armement.

Le chêne, nous l'avons déjà dit, est le bois dont on fait le meilleur merrain. La marine fait une consommation considérable de merrain de chêne, pour la fabrication des tonneaux qui servent à loger les liquides, les vivres, les objets d'habillement &c.a &c.a. Le merrain que la marine emploie est débitée suivant des dimensions spéciales, et provient, en général du nord de l'Europe. Nous avons vu du merrain de Dantzick dont la longaille avait de 0m.07 à 0m.08 d'épaisseur, sur 0m.15 de largeur et 1m.90 à 1m.95 de longueur.(1)

Le chêne s'emploie encore concurremment avec le

(1) Ces bois se vendent à Paris à peu près sur le pied de la planche échantillon. Ils sont très recherchés pour la menuiserie, surtout pour les parquets, parcequ'ils sont tendres, faciles à travailler et peu disposés à se voiler, à se fendre ou à se gercer quand ils sont mis en œuvre. En général, le bois de chêne des provinces de la Baltique est de qualité inférieure à celui que nous produisons en France, et comme, pour les tonneaux destinés à contenir des liquides surtout les spiritueux) et à séjourner dans les cales, il importe d'employer du merrain de bonne qualité, il nous semble que ce serait tout profit pour l'Etat de n'employer que du merrain de France, dût-il le payer un peu plus cher que celui de Dantzick.

pin, le sapin[1] et l'épicéa à tous les ouvrages de menuiserie, notamment à la construction des soutes, des chambres et logements d'officiers &c. &c.

Le hêtre sert également à la menuiserie, mais il est peu employé.

Avec l'orme on fait des poulies[2], des galoches, des cabestans, des caps de mouton, des affûts de canon et en général, tous les ouvrages qui exigent de la solidité et qui sont exposés au frottement. L'orme sert aussi à faire des canots et toute espèce d'embarcation à parois minces et légères, pour la construction desquelles il faut employer des bois qui ne soient sujets ni à se fendre ni à se déjeter.

Le frêne s'emploie, à peu près exclusivement à faire des avirons.

Chapitre cinquième.

Des qualités et des défauts des bois en général.

Art. 1er. - De la constitution physiologique des bois.

Après avoir énuméré dans le chapitre précédent

---

(1) Le sapin et l'épicéa que l'on emploie dans les chantiers de la marine proviennent, en grande partie des forêts, de la Suède et de l'Illyrie. Les uns s'appellent bois blanc (sapin) ou bois rouge (épicéa) de Suède, les autres sapins de Trieste. Pour tous les usages auxquels servent ces bois, nous regrettons comme pour le merrain de chêne, que l'on demande à l'étranger, des produits que nos sapinières fournissent en grande abondance, et dont la qualité a été reconnue supérieure, au moins en ce qui concerne les sapins de l'arrondissement de Limoux. —— (2). Les rouets des poulies et des galoches sont ordinairement faits d'un bois exotique très dur qu'on nomme bois de Gaïac.

les qualités que l'on exige des bois de marine, et les défauts ou les vices particuliers dont doivent être exempts les bois destinés aux différentes parties de la construction d'un vaisseau, nous allons indiquer les moyens d'apprécier les qualités diverses des bois d'œuvre en général; nous ferons connaître ensuite la nature des défauts ou des vices qui portent atteinte à leur organisation.

Comme tous les corps organisés, les bois sont soumis à toutes les vicissitudes de la vie. Tant qu'ils végètent, ils sont exposés à des accidents et à des maladies qui peuvent altérer leur constitution, et quand ils sont morts ou abattus, ils se décomposent plus ou moins lentement, selon leur qualité, sous l'influence de la chaleur et de l'humidité. Pour pouvoir apprécier les qualités diverses des bois et se rendre compte des causes d'altération et de destruction auxquelles ils sont exposés, il faut remonter à leur constitution physiologique.

Le bois est intimement composé de cellulose[1] et de ligníne. Il renferme en outre des principes minéraux qui, par la combustion, donnent de 1 à 5 p% de cendres.

La cellulose constitue les membranes propres de tous les tissus élémentaires des plantes. C'est une substance fermentescible comme la fécule dont elle n'est du reste qu'une modification. La cellulose est toujours accompagnée de principes azotés qui peuvent agir sur elle comme ferments.

La lignine ou ligneux est un principe toujours lié à la cellulose. C'est la matière qui incruste la cellulose des organes élémentaires pour constituer le bois.

Le bois est formé de couches annuelles disposées concentriquement autour de la moelle, dont les plus extérieures sont

---

(1) La cellulose est un principe immédiat neutre, c'est-à-dire dans lequel l'hydrogène et l'oxigène sont dans les proportions nécessaires pour former de l'eau. La lignine est un principe immédiat surhydrogéné.

plus récentes.[1] Chaque couche ligneuse peut être formée de fibres, de parenchyme ligneux, de canaux résineux, de vaisseaux disposés en faisceaux longitudinaux entre lesquels s'interposent les rayons médullaires qui se dirigent de la moelle à l'écorce. Les fibres et les rayons ne manquent jamais et constituent souvent à eux seuls le bois (conifères); les vaisseaux ne se rencontrent que dans les bois feuillus, les canaux résineux que dans les conifères. Le parenchyme ligneux fait souvent défaut. Tous ces tissus ont leurs parois composées de cellulose. Ces parois de cellulose sont elles-mêmes incrustées plus ou moins de lignine.

Les différents éléments du bois ne sont pas toujours uniformément répartis et de forme constante dans l'épaisseur d'une même couche; en général ils déterminent au bord interne de celle-ci un tissu plus lâche et plus mou que celui du bord externe. On appelle bois de printemps et bois d'automne ces deux régions habituellement différentes d'une même couche, en raison de la saison dans laquelle chacune d'elles s'est principalement développée.

Les fibres constituent essentiellement la masse du bois et ne manquent jamais; sur une section transversale, elles en forment la partie la plus compacte que l'on dirait pleine à l'œil nu. Elles varient suivant les essences, en longueur et en diamètre; leurs parois peuvent être plus ou moins épaisses, jusqu'au point d'obstruer presqu'entièrement leur cavité centrale; elles sont tantôt uniformément réparties les unes à côté des autres, tantôt groupées en faisceaux droits et parallèles entre eux, ou plus ou moins ondulés. C'est en partie de ces circonstances que résultent les bois durs et les bois tendres, ceux à grain fin ou à grain grossier, ceux qui sont aptes à la fente et ceux qui y sont impropres.

---

[1] La suite de cet article est emprunté à la description des bois par M. Mathieu, Professeur d'histoire naturelle à l'école impériale forestière.

Les vaisseaux sont disséminés longitudinalement au milieu du tissu fibreux ; ils ne se trouvent pas nécessairement dans tous les bois. Ils manquent complètement dans les conifères. Généralement d'un plus gros diamètre que les fibres et à parois plus minces, ils sont le plus souvent visibles à l'œil nu, surtout sur une section transversale où ils apparaissent sous forme de trous. Les vaisseaux existent toujours dans les bois feuillus.

Les canaux résineux s'observent chez beaucoup de conifères et manquent dans les bois pourvus de vaisseaux dont ces canaux paraissent être les représentants ; ils sont composés d'une cavité étroite, longitudinale, rayonnante et entourée d'une couche de cellules d'une nature spéciale, très petites, délicates et serrées. A l'œil nu, ils apparaissent sur la tranche du bois sous forme de perforations analogues à celles des vaisseaux ; et vus sur le fil, ils représentent de petites lignes longitudinales brunes ou rougeâtres, en raison de la résine concrète qui s'y trouve accumulée.

Les conduits de résine sont très apparents dans les pins et le mélèze ; ils sont très rares et peu visibles dans l'épicéa ; ils manquent totalement dans le sapin, le cèdre, les genévriers, l'if.

Les rayons médullaires apparaissent sur la tranche du bois sous la forme de lignes rayonnantes plus ou moins longues ; suivant le fil, ils déterminent des taches nacrées, des maillures plus foncées ou plus claires que le bois. La forme, la grandeur et le nombre de ces maillures, dépendent de la direction du débit, de la hauteur des rayons, de leur nombre. Elles sont les plus grandes possibles quand le bois est coupé dans la direction des rayons eux-mêmes, c'est-à-dire quand il est débité sur maille ; elles sont les plus petites possibles au contraire quand le débit est perpendiculaire à ces mêmes rayons.

Les rayons médullaires sont plus ou moins apparents à l'œil nu, mais ils ne manquent jamais. Leur longueur est très variable dans un même bois, mais leur direction est toujours perpendiculaire aux couches qu'ils traversent.

La couleur du bois est sujette à quelques variations suivant le sol, l'exposition, l'altitude, le climat. Tous les bois sont blancs dans leurs premières années, même l'ébène. En général ils ne conservent pas cette couleur. Le dépôt de lignine qui, en incrustant leurs tissus, les solidifie, et de l'état d'aubier les fait passer à l'état de bois parfait, est généralement accompagné d'un dépôt de matière colorante, spéciale pour chaque espèce, de sorte que souvent la coloration plus ou moins foncée d'un bois est un indice d'une lignification plus complète. Cependant il est des espèces dont la lignine n'est associée à aucune matière colorante et dont la solidification ou transformation d'aubier en bois parfait se fait sans qu'il se produise de changement de couleur; ces bois restent blancs, charme, érables &a. Chez d'autres, il ne se produit en quelque sorte jamais de bois parfait; bois blancs.

Dans les bois colorés, la transformation de l'aubier en bois parfait, se fait diversement. Ainsi elle peut se produire au bout d'un temps plus ou moins long pour la même espèce, d'où résultent des bois ayant beaucoup ou peu d'aubier. Cette transformation peut ensuite se faire à peu près régulièrement, de sorte que la limite entre l'aubier et le bois parfait est très nette. Tels sont les grands arbres à tige élevée, chêne, hêtre, sapin, pin &a. (Extrait de la description des bois par M. Mathieu.)

Art.e 2.

Des causes qui influent sur la qualité des bois de même espèce et des caractères généraux qui servent à la reconnaître.

En résumé, ce sont les principes azotés qui en agissant comme ferments sur la lignine et la cellulose, occasionnent la pourriture du bois, détruisent la force de résistance ou de cohésion des fibres et désorganisent les tissus.

La force ou la qualité des bois dépend de la plus ou moins grande quantité de lignine qui incruste les tissus, elle dépend aussi de la structure des fibres, de la longueur des rayons, de la disposition et de la grosseur des vaisseaux.

Les bois à vaisseaux gros, à fibres fortes et allongées et à croissance régulière, sont à la fois résistants et élastiques; tels sont le chêne, le châtaignier, le frêne, l'orme.

Les bois à fibres allongées, droites et parallèles entr'elles, sont les plus propres à la fente. Les principaux parmi les bois feuillus sont le châtaignier, le hêtre, le chêne; et parmi les bois résineux, l'épicéa, le pin sylvestre, le sapin.

Nos principaux bois résineux ont la fibre allongée, mais leur croissance ordinairement rapide et irrégulière, nuit à leur tenacité et à leur élasticité. Les sapins n'ont ni vaissaux, ni canaux résineux; leur bois ne renferme point de résine. Le pin sylvestre et le mélèze n'ont point de vaisseaux, mais ils ont des canaux résineux qui en tiennent lieu; leur bois est chargé de résine, ce qui le rend plus durable. Ce qui ajoute surtout à la force de tenacité et d'élasticité de ces bois, quand du reste ils sont suffisamment résineux, c'est la régularité de leur croissance ou l'égale épaisseur de leurs couches annuelles, c'est aussi la différence sensible que l'on remarque dans tous les bois résineux entre le bois d'automne dont le grain est plus serré, et le bois de printemps dont le tissu est toujours plus mou, plus lâche, moins lignifié.

La densité donne aussi de bons caractères pour apprécier la qualité des bois, mais elle varie souvent beaucoup pour une même espèce avec l'âge des arbres, la nature du sol, la situation, l'exposition et le climat. — Dans un arbre jeune, la densité du bois n'est pas la même au centre qu'à la circonférence ; elle augmente au fur et à mesure qu'on approche du cœur ; tandis que dans un arbre très vieux, le maximum de densité se trouvera souvent dans une position intermédiaire entre le cœur de l'arbre et la circonférence, ce qui indique que les couches les plus anciennes ont déjà un commencement d'altération ou de pourriture.

La nature du sol où a cru un arbre exerce une grande influence sur la densité et la qualité de son bois. Dans les terrains légers, sablonneux et humides, les bois croissent rapidement, leurs couches concentriques sont épaisses, les vaisseaux sont plus gros, plus ouverts, le bois est souvent mou, spongieux. Dans un terrain substantiel, profond et assez sec, les couches annuelles seront assez larges mais égales, les vaisseaux petits, le grain fin, les fibres serrées, le bois de bonne qualité. Enfin si l'arbre a cru dans une terre aride, les couches annuelles seront serrées, le bois mal élaboré. Pour le chêne en particulier, le bois des arbres élevés dans les sols arides n'a généralement pas de qualité.

Le climat a également une grande influence sur la qualité des bois, et tandis que le pin sylvestre des plaines de la Russie a plus de qualité que celui de notre pays, les chênes d'Italie et de la Provence, sont supérieurs à ceux du nord de l'Europe et de la France. Ce n'est pas à dire que le chêne gras de ces pays vaut mieux que les bons bois des pays septentrionaux, mais si on compare les meilleurs bois de chaque pays, les chênes de Provence, sont supérieurs à ceux de nos départements du nord. C'est par une cause analogue que le bois des chênes qui ont cru isolément ou à l'état de massif fortement éclairci, a toujours plus de qualité que celui des arbres qui ont été élevés en massif plein et serré. La situation et l'exposition exercent une influence analogue sur la qualité des bois.

Mais c'est surtout aux phénomènes qui se passent après l'abatage de l'arbre et pendant le desséchement du bois, que l'on en distinguera plus facilement les diverses qualités. Lorsque l'arbre est abattu, il importe que son desséchoment s'opère sans tarder, car dès cet instant, la sève commencera à entrer en fermentation. Par le desséchement, le bois prend du retrait et l'arbre se couvre de fentes dans le sens de sa longueur. Si l'arbre est encore jeune et sain, les fentes se manifesteront à l'extérieur et pénétreront plus ou moins dans le bois en suivant la direction des rayons médullaires. Si l'arbre est sur le retour, si le bois a déjà un commencement d'altération au cœur, il se fendera à l'intérieur et au cœur, et les couches les plus denses seront seules épargnées. La distribution des fentes à l'extérieur dépend beaucoup de la manière dont le desséchement se sera opéré. S'il a eu lieu brusquement et inégalement, il se formera quelques grosses fentes qui pourront endommager la pièce, si au contraire il a eu lieu progressivement et également, il y aura une infinité de petites fentes également réparties qui n'altéreront en rien la qualité du bois.

On doit donc éviter le desséchement brusque et inégal, et d'un autre côté on ne doit pas trop le retarder. L'abatage des arbres en hiver, remplit assez bien ces conditions, parce qu'alors la fermentation est moins active; l'arbre se dessèche petit à petit et peut arriver à l'été, déjà assez desséché pour ne plus craindre l'influence des chaleurs. On modère l'évaporation de la sève, en n'écorçant pas de suite les arbres qui sont abattus en été. Ces précautions doivent être prises pour les arbres qui doivent rester longtemps dans les coupes ou dans les chantiers avant d'être mis en œuvre. Tels sont par exemple les bois de charpente et de marine. Mais si la pièce doit être sciée ou débitée en bois de fente, il est à conseiller de la façonner le plus tôt possible après l'abatage; parce qu'en cet état, le bois se débite beaucoup mieux et qu'ensuite le retrait du bois se fait sans fente. Les bois sciés et le merrain doivent être tenus en lieu frais et à l'ombre pour les empêcher de se voiler.

On a remarqué que les meilleurs bois sont ceux qui travaillent le plus par le dessèchement. Ils perdent le moins de leur poids, mais ils perdent le plus de leur volume. Le contraire a lieu pour les bois gras ou tendres; ils perdent peu de leur volume, mais ils se fendent et travaillent peu; aussi sont-ils recherchés des menuisiers pour les ouvrages d'intérieur non exposés à l'humidité. Les chênes de hollande ont peu de fentes après le dessèchement; Les bois de Provence éclatent quelquefois de manière à séparer la pièce en plusieurs portions.

Les observations relatives au retrait que prennent les bois, par le dessèchement, sont générales; Celles qui vont suivre s'appliquent spécialement au bois de chêne dont nous avons surtout à nous occuper au point de vue de son emploi dans les grandes constructions.

Le bois de chêne de bonne qualité, prend un retrait prononcé par le dessèchement. Ce retrait se manifeste par des fentes plus ou moins nombreuses que l'on remarque à la surface extérieure de la pièce et sur la section d'abatage. Ces dernières fentes pénètrent plus ou moins dans le bois suivant la direction des rayons médullaires, et ne doivent pas être confondues avec les cadranures qui annoncent toujours un commencement de décomposition au cœur de l'arbre. La couleur du bois fraîchement mis à nu sera rosée ou paille, le grain sera fin et serré, les couches annuelles larges ou moyennement larges et bien remplies. Lorsqu'on le débite dans les coupes, les copeaux qui tombent sous la hache se rompent difficilement quand on les plie, et les fibres ne se séparent que par déchirures. Lorsqu'on le rabote, la varlope enlève de longs rubans qui offrent une grande résistance à la rupture et le bois est poli et brillant.

Le bois gras au contraire prend peu de retrait par le dessèchement. Le bois gras a la fibre lâche, le grain peu serré, l'aspect terne et sec et la couleur brune tirant sur le roux. Les couches annuelles sont ordinairement étroites et percées de vaisseaux comme un crible. Les copeaux de chêne gras se rompent avec facilité, avec netteté et sans éclats ni déchirures. Ceux qu'on détache avec la varlope, au lieu de former de longs rubans, se séparent sous l'outil en petites plaques.

Les bois gras se chargent très facilement d'humidité et sont très accessibles à la fermentation et à la pourriture dès qu'ils sont placés dans un milieu chaud et humide. Cette disposition des pièces à s'altérer promptement dans toutes leurs parties, fait considérer les bois de cette qualité comme absolument impropres aux constructions navales et à tous les emplois qui exigent de la solidité, de la force et de la durée. Cependant le bois gras lorsqu'il est à couvert et dans un lieu sec, résiste assez longtemps et peut utilement servir à des emplois dans lesquels le bois ne supporte ni charge, ni fatigue. Ainsi les plus belles menuiseries sont souvent faites avec des chênes gras ou tendres, tandis que ce bois est trop poreux pour être employé avec avantage comme merrain à la construction des tonneaux; trop cassant, trop peu élastique pour les charpentes; trop facilement altérable pour les ouvrages de fente qui doivent être exposés à l'air, tels qu'échalas; &c.

Art.e 3.

Des principaux vices et défauts qui se rencontrent dans les bois d'œuvre.

Ce que nous venons de dire suffit pour apprendre à distinguer les bons bois d'œuvre de ceux de qualité inférieure. Cette distinction est importante à faire quand il s'agit de bois de grandes constructions et spécialement de bois de marine: car il est constant que la plus ou moins bonne qualité des bois qui entrent dans la construction d'un vaisseau peut faire varier du simple au double la durée du bâtiment. Cette importance sera plus frappante encore lorsqu'on saura que la marine militaire emploie annuellement environ 40,000 mètres cubes de bois de chêne. Qu'il entre à peu près 5000 mètres cubes de bois dans la charpente d'un vaisseau de guerre de 1.er rang et que le prix de revient de la construction seule ne coute pas moins de un million et demi à l'Etat.

Les caractères généraux d'après lesquels on détermine la qualité des bois étant établis, il nous reste à parler des défauts ou vices particuliers qui peuvent affecter tous les bois, et faire rejeter des constructions ceux mêmes qui, par leur constitution, seraient de la meilleure qualité.

Ces défauts sont: la roulure;
La gélivure;
La cadranure;
La torsion des fibres;
Le double aubier;
La lunure;
L'abreuvoir, la gouttière et la grisette;
La buppe;
La pourriture sèche;
La piqûre.

Ces défauts sont quelquefois plus ou moins caractérisés. En général ils sont d'autant plus apparents que le bois est plus dessèché et quelquefois ils sont difficiles à reconnaître sur des arbres récemment abattus ou chargés d'humidité.

I. De la roulure.

On dit qu'un arbre est roulé lorsque, dans son intérieur, il y a solution de continuité entre deux couches concentriques contiguës, de manière qu'elles ne soient point adhérentes. Quelquefois la roulure ne s'étend que sur quelques centimètres, mais souvent elle embrasse toute la circonférence, et alors l'arbre présente un cylindre creux de bois vif qui en renferme un plein de bois mort, que l'on peut en faire sortir. Ce défaut règne quelquefois sur toute la longueur de la pièce, et apparaît au pied et à la tête; dans ce cas, la pièce est tout à fait défectueuse et il est rare qu'on puisse s'en servir comme bois d'œuvre. Mais la roulure n'a lieu ordinairement qu'au pied, là où, selon certains observateurs, le moment de flexion est à son maximum quand l'arbre est tourmenté par le vent. Dans ce cas, on sonde la roulure avec une tarrière pour préciser la hauteur à laquelle le vice s'arrête. Les pièces atteintes de ce défaut sont rarement propres à être sciées en planches, mais elles peuvent être encore d'un bon service, employées dans leur entier. Néanmoins comme l'humidité qui s'introduit et séjourne toujours dans la roulure peut être une cause de plus prompt dépérissement, une pareille pièce ne peut être employée dans les grandes constructions civiles ou navales que dans des conditions toutes spéciales, ou bien si la roulure s'étend peu, qu'après une réduction de sa longueur.

La roulure n'est pas toujours apparente lorsque le bois est encore plein de sève, mais elle devient très évidente après le dessèchement. On constate souvent plusieurs roulures dans la même section d'un arbre et l'on remarque généralement que plus elles sont nombreuses, petites rapprochées et superposées, moins elles s'étendent dans la hauteur de la pièce ; tandis qu'une roulure isolée, peu distante du cœur, circulaire et très marquée s'étend assez souvent jusqu'à l'extrémité opposée, et apparait de la même manière aux deux bouts de la pièce.

Les couches ligneuses se formant entre l'écorce et le bois, on attribue la roulure à toutes les causes qui peuvent occasionner la séparation de l'écorce d'avec le bois. Parmi ces causes, Duhamel, cite en première ligne, le vent « Il est sensible dit-il que lorsque le vent agite et plie en différents sens les jeunes arbres, leur écorce qui n'est presque pas adhérente au bois, peut s'en séparer dans quelques points, surtout quand les arbres sont en sève et chargés de leurs feuilles. — En hiver, le poids du givre peut produire le même effet malgré l'adhérence de l'écorce au bois. Ce défaut, ajoute-t-il, peut encore être produit par les voitures dont les moyeux endommagent l'écorce et donnent lieu à une roulure ordinairement peu grave qu'on nomme frotture.

Duhamel termine ses observations en affirmant qu'il a produit artificiellement des roulures.

1.° En détachant l'écorce du tronc d'un arbre et en la remettant en sa place. — Ce morceau d'écorce ainsi replacé, s'est greffé avec celle qui était restée adhérente au bois ; il s'est formé d'épaisses couches ligneuses, mais à l'endroit où l'écorce avait été séparée du bois, il est resté une solution de continuité, autrement dit une roulure ;

2.° En pliant bien fort de jeunes arbres dont il voulait rompre une partie du corps ligneux, il a occasionné dans leur intérieur des roulures qu'il a retrouvées quelques années après, quoique les plaies extérieures eussent été parfaitement cicatrisées.

Il a observé enfin que les baliveaux élevés dans un taillis, sont plus sujets à être roulés que les arbres qui ont été élevés en massif et encore que ceux qui ont cru en plein air. »

D'autres naturalistes prétendent que la roulure doit être attribuée exclusivement à la gelée qui, en détruisant le cambium sur certains points de l'arbre, occasionne la séparation en ces points de l'écorce d'avec le bois.

Enfin on dit que la roulure peut provenir aussi de l'abatage des arbres.

II. De la gélivure.

La gélivure consiste ordinairement dans une crevasse ou fente longitudinale qui va du centre à la circonférence de l'arbre, et dont la cicatrice forme extérieurement un bourrelet qui reste toujours visible. La gélivure rompt les fibres du bois dans la direction des rayons médullaires et, quand elle s'étend sur une grande longueur, elle altère la force du bois au point que la pièce ne peut plus être employée dans les grandes constructions, même dans son entier. Si au contraire la gélivure s'étend peu en longueur, on peut encore employer la pièce, mais après réduction de tout le bois gélif.

On pense que la gélivure est ordinairement produite par une dilatation inégale dans les fibres du bois, soit par suite des gelées et des vents froids, soit par l'action intense du soleil. — La fente se recouvre ensuite de bon bois et par conséquent ne règne pas toujours du centre à la circonférence.

Duhamel prétend aussi qu'il a produit des gélivures dans le corps de jeunes arbres en les pliant et les forçant beaucoup, de la même manière que pourrait le faire un grand vent, ou un poids considérable de givre. Il a observé que la gélivure et la roulure se trouvent souvent réunies dans un même corps d'arbre. Le martelage des arbres en réserve peut aussi produire la gélivure.

III. De la cadranure.

La cadranure ou gélivure cadranée se manifeste par des fentes qui partent du cœur de l'arbre et se dirigent vers la circonférence, comme les rayons d'un cadran. Ce défaut doit se distinguer de la gélivure simple en ce qu'il doit être attribué à une tout autre cause. La cadranure ne se présente en général que dans les gros et vieux arbres. Elle provient de l'altération du cœur des arbres dépérissants, ou sur le retour. Ce défaut n'apparaît ordinairement que quelque temps après l'abatage des arbres, alors qu'ils sont déjà en partie desséchés. Assez souvent la cadranure existe dans la partie inférieure d'un arbre, sans se prolonger bien avant dans la longueur de la pièce. C'est un défaut redoutable, parcequ'il indique une altération et souvent même un commencement de pourriture dans le bois du cœur. Du reste il faut se garder de confondre certaines fentes qui existent souvent au cœur des arbres, avec la cadranure dont les fentes sont toujours beaucoup plus ouvertes, et ont d'ailleurs une teinte noirâtre.

Les bois cadranés dans toute leur longueur ne sont pas propres aux constructions, parcequ'ils ont déjà perdu une grande partie de leur force et que le commencement de pourriture dont ils sont atteints, ne tarde pas à faire des progrès rapides. Si cependant la cadranure est faible et n'accuse pas encore d'altération sensible dans le cœur de l'arbre, la pièce peut être employée dans son entier, pourvu qu'elle soit placée en lieu sec et qu'elle n'ait pas à supporter une trop forte charge. Si la cadranure a peu d'étendue, ce dont on s'assure en sondant le cœur de l'arbre avec une tarrière, la pièce peut servir comme bois de construction après réduction de la partie cadranée. — Les bois cadrannés se débitent souvent en planches ou en merrains ou en tout autre bois d'industrie que l'on purge de tout le bois du cœur.

IV. De la torsion des fibres.

Quelquefois les bois sont tors ou virans, c'est-à-dire, que les fibres au lieu d'être parallèles à l'axe de l'arbre, décrivent autour de lui des hélices plus ou moins allongées. Les bois à fibres torses sont moins résistants et moins élastiques que les bois à fibres droites. Cependant ce défaut, quand il n'est pas excessif, n'empêche pas que les bois ne soient utilement employés dans les constructions civiles. La marine ne considère pas non plus la torsion des fibres comme une cause suffisante de rebut pour les bois courbans, mais elle l'exclut absolument de tous les bois droits et de toutes les pièces qui peuvent être débitées en bordages. On conçoit en effet qu'un bois virant ne peut donner que de mauvais bordages parcequ'en le débitant à la scie, il est impossible que les fibres ne soient pas coupées à divers endroits, ce qui diminue considérablement la force du bois. Débités en planches du commerce, les bois tors ne fournissent aussi que de mauvais sciages; ils sont d'ailleurs essentiellement impropres à la fente.

V. Du double aubier.

Le double aubier consiste en une couronne de bois tendre et imparfait comprise entre le cœur de l'arbre et le bois parfait qui touche à l'aubier ordinaire. Ce défaut est rare, mais il est très grave, parceque le double aubier est souvent de plus mauvaise qualité que le vrai aubier et tombe bientôt en pourriture. Les bois atteints de cette maladie ne sont propres, ni aux constructions, ni au sciage.

Mais il arrive fréquemment que la couronne de faux aubier ne s'étend pas sur toute la circonférence de l'arbre. Alors on l'appelle gélivure entrelardée ou roulure entrelardée; c'est un vice dont la gravité dépend de son étendue. Comme bois de construction, il faut pouvoir purger la pièce avant de la mettre en œuvre; comme bois de travail, la pièce peut souvent être débitée sans déchet, et le défaut est sans importance.

Assez souvent cette portion de mauvais bois est morte et recouverte d'une écorce également morte.

Duhamel attribue ce défaut à ce que les arbres ont cru dans des terrains maigres et secs, ou à une maladie quelconque qui attaque les arbres et qui se guérit au bout d'un certain temps. Il a observé en outre que le double aubier se rencontre dans les arbres qui ont cru aux expositions de l'est et du midi, et dans ce cas il présume qu'on doit l'attribuer soit à un coup de soleil qui a desséché l'écorce et l'aubier du côté où l'arbre a été frappé, soit au verglas, qui pendant les grands froids de l'hiver, aura endommagé l'écorce et l'aubier, du côté exposé au soleil.

VI. De la lunure.

Un autre défaut très commun et très dangereux qu'il ne faut pas confondre avec le double aubier est celui que l'on désigne communément sous le nom de lunure. La lunure apparaît sous la forme d'une couronne de bois plus tendre et plus mou que le reste, de couleur plus foncée ou plus claire que celle du bois parfait, et qui semble constamment plus humide. Quand ce défaut existe dans une pièce, il ne se manifeste pas toujours aussitôt après l'abatage, mais seulement quand le bois est un peu desséché et ressuyé. La lunure règne toujours dans toute l'étendue des pièces qui en sont affectées et se manifeste de la même manière aux deux extrémités.

On attribue la lunure ou gelure au froid qui, dans un hiver rigoureux, a pu frapper tout ou partie de l'aubier. Les bois lunés se pourrissent rapidement et sont absolument impropres aux constructions.

La lunure se rencontre aussi bien dans les bois qui ont cru dans les sols humides et substantiels que dans ceux qui ont été élevés sur des terrains maigres et secs.

VII. De la gouttière, des abreuvoirs, de la grisette.

La gouttière est occasionnée par le dessèchement ou la pourriture d'une ou de plusieurs branches de la cime, ce qui favorise l'infiltration des eaux pluviales dans le tronc de l'arbre.

Quelquefois ces eaux finissent par suinter à travers l'écorce, alors la gouttière est apparente.

Les abreuvoirs sont des espèces de gouttières qui se forment aux aisselles des branches, lorsque celles-ci par les grands vents ou par le poids du givre ou de la neige, se détachent partiellement du tronc. La blessure tout en se cicatrisant, présente un creux dans lequel les eaux s'amassent et d'où elles finissent par s'infiltrer dans l'intérieur de l'arbre.

Ces accidents produisent ordinairement dans le bois d'un arbre, un vice ou une maladie que l'on nomme la grisette. La grisette est caractérisée par une couleur brune plus ou moins foncée, quelquefois tirant sur le jaune, et par une odeur de tabac ou de pomme pourrie plus ou moins prononcée. Au point d'insertion des branches, elle se présente sous la forme et l'aspect de taches noirâtres ou jaunâtres; au corps de la pièce, ce sont des veines de même couleur qui suivent le fil du bois; c'est ce qu'on appelle flamme de grisette. Lorsque le mal est devenu ancien et pour ainsi dire incurable, ces taches ou veines sont parsemées de points ou filets blancs; ce dernier caractère ne permet plus de mettre en doute l'existence de la grisette, le plus dangereux des vices auxquels le chêne est exposé, à cause de la promptitude avec laquelle il se propage.

Lorsqu'une branche est fortement grisettée, le cœur de l'arbre est presque toujours atteint et la partie inférieure assez généralement impropre aux constructions. L'intensité de la grisette, se détermine assez facilement d'après sa couleur noire, jaune ou blanche, qui change au fur et à mesure que la maladie fait des progrès.

La grisette blanche ou à filets blancs n'est que du bois entièrement décomposé; on l'appelle aussi grisette vive à cause de la rapidité avec laquelle elle s'étend.

Lorsque la grisette est encore à l'état brun ou jaune sans être parsemée de veines blanches et qu'elle a perdu son humidité, on l'appelle grisette morte ou sèche. Dans cet état, ses progrès sont très lents; la pièce qui en est affectée, conserve presque toujours sa force et elle est susceptible d'une longue durée, si elle est mise à l'abri des intempéries de l'air. La grisette naissante se transforme promptement en grisette morte, lorsqu'elle est mise à couvert et préservée de l'humidité.

Lorsque le bois est de très bonne qualité, les eaux éprouvent de la difficulté à s'infiltrer par l'abreuvoir ou la gouttière, et la pourriture occasionnée par ces infiltrations ne s'étend pas, il se forme alors à la place du nœud, une poche noirâtre qui peut facilement se nettoyer et n'est plus qu'un défaut minime; c'est la grisette noire. Cette circonstance dénote même une bonne organisation du bois; c'est ainsi que l'on dit que les nœuds noirs ne sont nullement dangereux.

On rencontre quelquefois dans le chêne, des veines noires qui ressemblent à la grisette et que l'on appelle bois noir. Dans cet état, le bois n'a perdu aucune de ses qualités, il n'a fait que changer de couleur. La seule inspection suffit pour distinguer le bois noir de la grisette, qui a d'ailleurs une odeur particulière assez prononcée, tandis que le bois noir conserve à peu près l'odeur naturelle du chêne.

VIII. De la buppe:

On voit d'après ce qui a été dit dans l'article précédent, que pour s'assurer de la qualité des bois, il est très important de visiter tous les nœuds de chaque pièce, même les plus petits. En démasquant les nœuds avec la hache, on aperçoit quelquefois, au milieu de ces derniers, un point dont la couleur est plus foncée que celle du nœud; c'est ce qui constitue l'œil de perdrix, et c'est un indice presque certain qu'il existe au dessous un foyer de pourriture que l'on appelle buppe.

La buppe est un vice qui a la forme sphérique et qui se propage dans tous les sens. Elle diffère en cela de la griselle qui se développe longitudinalement dans la direction des fibres. — Lorsque la buppe est bien formée et qu'elle a pris une grande extension, le bois décomposé a une forte odeur de champignon; Il est blanc, mou, cotonneux; les ouvriers le font sécher et s'en servent en guise d'amadou. — Lorsque la buppe est naissante, on l'enlève facilement avec la gouge, mais lorsqu'elle est considérable, il faut pour employer le bois dans les constructions, tronçonner la pièce au dessus et au dessous du mal.

IX. De la pourriture sèche.

La pourriture sèche a la couleur de la canelle; le bois en est cassant et même friable; et il finit par se réduire dans l'intérieur même de la pièce, en poussière fine, qui ressemble à du tabac d'Espagne. Cette maladie que l'on nomme aussi le rouge ou bois rouge est d'autant plus dangereuse, qu'elle commence par attaquer un point quelconque du cœur de l'arbre, sans aucun indice extérieur, et qu'on ne la reconnait souvent que quand la pièce est travaillée et mise en place. Lorsque la pourriture sèche se manifeste soit au pied, soit à la tête, soit au corps de la pièce, il est facile d'extraire le mal, parcequ'il ne se propage pas de préférence comme la griselle dans le sens des fibres, mais qu'il s'étend au contraire dans toutes les directions. Il suffit de tronçonner l'arbre, si sa longueur le permet. Lorsque la couleur rouge du bois est parsemée de points blancs plus ou moins multipliés, on lui donne le nom de chair de poule.

On n'est pas bien fixé sur les causes qui déterminent la pourriture sèche. Les uns l'attribuent à la mort d'une ou de plusieurs racines importantes, où à une maladie qu'il aura subie pendant sa vie et qui se sera guérie. D'autres observateurs prétendent que ce vice se rencontre surtout dans les arbres dépérissants et en retour, et n'est qu'une décomposition qui affecte en premier lieu et de préférence les parties les moins bonnes du cœur de l'arbre.

X. De la piqûre.

Pour compléter ce que nous venons de dire sur les défauts qui peuvent altérer la qualité des bois, il nous reste à parler d'une maladie qui se manifeste surtout dans les dépôts, chantiers ou magasins de bois de construction. Cette maladie que l'on nomme la piqûre (), consiste en des trous presque imperceptibles dus à la larve de divers insectes parmi lesquels le plus redoutable parait être le Lymexilon naval. Cet insecte dépose ses œufs dans les fentes et fissures de l'arbre et la larve gagne le cœur de la pièce comme étant la partie la plus humide et la plus tendre. C'est là qu'elle se nourrit et qu'elle fait ses ravages jusqu'à l'époque de sa transformation. Alors elle gagne la surface du bois que ses émanations fétides ont mise en fermentation. La grisette qui en résulte fait des progrès d'autant plus rapides que le germe en est répandu dans tout l'intérieur de la pièce, surtout au centre où les larves font un plus long séjour.

Si l'on débite en planches ou en bordages une pièce piquée avant que la grisette ait fait trop de progrès, la dessication fait arrêter la grisette et mourir les larves vivantes. Alors le bois est encore susceptible d'un assez bon emploi. La piqûre vive se caractérise par une odeur fortement acide, par l'humidité et la couleur grisâtre du bois.

Les pièces de chêne sont souvent aussi perforées en sens divers par un autre insecte que l'on nomme le grand capricorne et qui produit dans le bois ce que l'on nomme communément les gros trous de ver. Les gros trous de ver dont un arbre peut être percés, n'ont d'autre inconvénient que d'affaiblir la pièce ; ils ne déterminent point la pourriture et ne s'opposent pas à l'emploi du chêne dans les constructions lorsque les trous sont isolés et que d'ailleurs le bois est sain.

Art. 4.

Qualités et défauts des bois de feu.

Les qualités du bois de feu doivent être de brûler facilement, d'une manière égale, sans trop de promptitude ni trop de lenteur, et de fournir pour un volume donné, la plus grande somme de chaleur.

La puissance calorifique d'un bois est proportionnelle à la quantité de carbone et d'hydrogène qu'il renferme. Il est constant que les bois quels qu'ils soient, ramenés au même degré de dessication et pour un même poids, renferment des quantités de carbone et d'hydrogène à peu près égales; d'où il suit que sous des poids égaux tous les bois ont la même puissance calorifique, ou ce qui revient au même, que la puissance calorifique de tous les bois est proportionnelle à leur densité. Pour une même essence, la densité varie avec le climat, la situation, l'exposition et le terrain, avec l'âge de l'arbre et la saison dans laquelle il a été exploité, et enfin avec la partie de l'arbre, tige ou branche, aubier ou bois parfait, d'où le bois est extrait. On peut ainsi mesurer d'après la densité la puissance calorifique absolue et par suite la valeur des bois de feu. Mais cette valeur se modifie beaucoup par le degré de dessication des bois et surtout par la manière dont ils brûlent.

Ainsi les bois qui se dessèchent difficilement sont mauvais combustibles; d'autres ne brûlent qu'à leur surface, parcequ'ils sont très compacts et ne laissent pas pénétrer dans leur intérieur l'air nécessaire à la combustion du carbone qu'ils renferment. Ces bois laissent beaucoup de charbon, ils durent longtemps dans le foyer; mais ils donnent peu de chaleur. Les bois légers, poreux, brûlent rapidement et avec flamme, ils donnent une chaleur vive mais courte, laissent pénétrer l'air dans leur sein et ne produisent pas de charbon, parceque celui-ci brûle en même temps que les gaz; Enfin, il y a des bois qui pétillent et éclatent au feu, ce qui est un inconvénient dans les foyers domestiques.

Ce sont ces avantages et ces inconvénients qui déterminent la valeur relative des bois de feu dans chaque localité et dans les usines où ils doivent être employés.

Les bois piqués, vermoulus, pourris, ou ayant seulement un commencement d'altération, perdent de leur valeur en proportion de la gravité du mal dont ils sont atteints.

Dans le commerce, il y a différents assortiments de bois de feu. Le bois neuf est le meilleur; c'est celui qui arrive au lieu de consommation par bateau ou par charroi. On distingue aussi le bois neuf du bois vieux en ce que le bois vieux est celui qui a plus d'un an de coupe; il peut être aussi bon et même meilleur que le bois neuf, lorsqu'il a été bien conservé.

Le bois pelard est celui dont l'écorce a été enlevée sur pied pour en faire du tan et que l'on met au nombre des bois neufs, lorsqu'il a été voituré par les mêmes moyens. Le bois pelard est presque toujours de chêne, il a plus de qualité que le bois non écorcé de même essence, et que l'on désigne sous le nom de bois couvert. Du reste le bois de chêne pelard ou couvert varie extrêmement de qualité avec les localités, avec l'âge ou la partie de l'arbre dont il provient, avec les conditions de sol et de climat dans lesquelles le bois a été élevé, et avec les espèces de chêne qui le produisent

Le bois flotté est celui qui se transporte par train ou à bûches perdues par les rivières; lorsqu'il n'a fait qu'un court trajet par eau, on le considère comme bois à demi flotté et on l'appelle bois de gravier. Le bois de gravier diffère peu du bois neuf.

Le flottage des bois de feu leur fait éprouver un degré d'altération d'autant plus grand qu'ils ont séjourné plus longtemps dans l'eau. Si ces bois ont perdu toute leur écorce, ils sont extrêmement légers quand ils sont secs, ils font une grande flamme en brûlant, se consument très vite et forment peu de charbon. Les bois usés, piqués ou pourris se consument comme de l'amadou, sans produire ni flamme ni braise.

En général, les bois ont acquis leur plus grande valeur comme bois de feu vers l'époque de leur maturité. Les bois exploités en taillis atteignent cette époque longtemps avant ceux que l'on élève en futaie. Cela suffit pour expliquer pourquoi les bois de feu provenant des taillis sont aussi recherchés que ceux de futaie, et souvent plus estimés que ceux de futaies exploitées à un grand âge. Mais ils sont moins bons que ceux des arbres de futaie d'âge moyen et ce qui le prouve, c'est la faveur que l'on accorde généralement dans le commerce au bois de feu provenant des modernes ou des réserves de trois âges exploités dans les taillis, sur celui du taillis ou des réserves plus âgées.

Chapitre sixième

De la conservation des bois.

Art. 1er

Des conditions dans lesquelles les bois sont employés ou mis en œuvre.

Les bois de feu, les bois de service et la plus grande partie des bois de travail ne s'emploient d'ordinaire que lorsqu'ils sont parvenus à un certain degré de dessèchement.

Le bois de feu brûle mal lorsqu'il est vert, il ne donne pas à volume égal la même quantité de chaleur que lorsqu'il est sec; parceque dans la combustion, il dépense une partie de sa puissance calorifique à faire évaporer l'eau qu'il renferme. C'est pourquoi on ne brûle généralement les bois de feu dans les foyers domestiques que dans l'hiver qui suit l'abatage c'est-à-dire, après sept ou huit mois de coupe; c'est pour la même raison que dans les usines on soumet les bois à une forte dessication avant de les employer.

Les bois de construction se dessèchent moins vite et moins profondément que les bois de feu, parcequ'ils ont des dimensions plus fortes. Souvent on les emploie comme charpentes lorsqu'ils sont encore verts ou du moins peu desséchés, pourvu que ce soit à couvert, dans un lieu sec et aéré; mais alors on évite de charger les pièces de bois vert d'un poids trop considérable parcequ'elles se courberaient et perdraient de leur force. Les longues pièces peuvent même quelquefois se courber sous leur propre poids, de manière à compromettre la solidité d'une charpente. En général, on estime que les bois de construction ne devraient jamais être employés avant d'avoir deux ans de coupe. Par contre, on évite aussi d'employer comme charpentes, des bois extrêmement vieux et secs, parcequ'ils ont perdu une grande partie de leur élasticité et qu'ils se rompent sans plier, sous un poids ou un effort moins considérable que s'ils étaient moins desséchés.

Parmi les bois d'industrie, il en est aussi qui ne peuvent être travaillés avec facilité sans se rompre, qu'à la condition de n'être pas trop desséchés. Tel est le merrain que les tonneliers sont obligés d'attendrir lorsqu'il est sec, par l'action combinée de l'eau et du feu, pour faire prendre aux douves la courbure qu'ils veulent leur donner. Au contraire, les bois de menuiserie qui ne supportent que peu ou point de charge, ne peuvent jamais être trop secs, si l'on veut éviter qu'ils ne se déjettent, se fendent et se retirent lorsqu'ils sont mis en œuvre; il en est de même des bois qui doivent être employés à des ouvrages de précision.

Donc en résumé, les bois, quelle que soit leur destination, ne sont généralement employés, travaillés, mis en œuvre qu'au bout d'un temps plus ou moins long, suivant le degré de dessication qu'ils doivent atteindre. Mais pendant ce temps, les bois sont exposés à plusieurs dangers dont les principaux sont : les grosses fentes, la pourriture et la vermoulure.

Les fentes sont dues au retrait que prend le bois en se desséchant. Quelque précaution qu'on prenne, on ne peut en préserver entièrement certain bois, particulièrement les bois de chêne de bonne qualité, qu'en les débitant aussitôt après l'abatage, soit en sciages, soit en merrains &a. Du reste ce que l'on doit chercher à éviter dans le dessèchement des bois de service, ce ne sont pas les petites gerçures qui ne nuisent en rien à la qualité des bois, mais les grosses fentes qui pourraient altérer la force des pièces. La pourriture est due à la présence des principes azotés qui agissent comme ferments sur les substances qui composent le bois. La fermentation se produit sous l'action des alternatives de sécheresse, d'humidité et de chaleur de l'atmosphère. — La vermoulure est due à la présence de larves d'insectes qui creusent des galeries dans le bois et se nourrissent de la gomme, des fécules, des sucres, de la cellulose qu'il renferme. Pour préserver les bois de ces dangers, il y a différents moyens que nous allons faire connaître.

Art.e 2.

Des procédés ordinaires de conservation des bois.

Les bois de feu ne redoutent point les fentes qui n'altèrent aucunement leur qualité comme combustible, mais ils sont plus exposés que tous autres à la pourriture et à la vermoulure. Les bois pourris et les bois vermoulus que l'on désigne aussi sous le nom de bois usés, bois piqués, bois passés, ont perdu presque toute leur puissance calorifique. Les bois tendres, les bois jeunes, l'aubier sont plus particulièrement exposés à la vermoulure. Les bois très vieux qui ont déjà un commencement d'altération au cœur sont les plus sujets à la pourriture.

Déjà nous avons dit (chap. troisième p. 11) quelles sont les précautions à prendre pour assurer la conservation des bois de feu, pendant qu'ils séjournent sur le parterre des coupes en exploitation. Il est bon que ces bois restent quelque temps exposés à l'air et au soleil, en lieu sec, après l'abatage et le façonnage; cependant il ne faut pas que ce séjour dans les coupes se prolonge trop longtemps, et pour toute espèce de bois, il faut autant que possible, que la vidange soit effectuée avant l'hiver qui suit le terme d'abatage. Quand les bois sont rendus à destination, on s'attache à les rentrer par un temps sec et, quand on le peut, on les met à couvert dans des lieux bien secs et bien aérés, des hangars, des remises, des greniers. Ainsi traités, les bois de feu font le meilleur usage possible et peuvent se conserver plus ou moins longtemps quelquefois pendant plusieurs années, sans s'altérer. Les bois qui ont été flottés se dessèchent ensuite beaucoup mieux et plus promptement, ils sont moins exposés que les autres à la vermoulure, mais il est certain aussi que le flottage use et altère leur qualité comme combustible, lorsqu'il est trop prolongé, ou lorsqu'il se fait à plusieurs reprises.

Le hêtre comme bois de feu passe très vite, surtout le rondin de branche. L'année même de l'exploitation, il n'est pas rare de le voir échauffé dès le mois de juillet et d'août. Le bois de quartier se conserve mieux, mais il est à conseiller de l'employer dans l'hiver qui suit l'abatage. Alors même qu'on le conserve dans un lieu sec et bien aéré, dans un grenier, il perd de sa qualité et il n'est pas rare d'en trouver une partie qui commence à s'altérer avant le second hiver qui suit la rentrée du bois. Il n'en est pas de même du charme qui résiste bien lorsqu'il est mis à couvert surtout quand il est fendu et bien ressuyé. — Quant au chêne, il peut se conserver plusieurs années, quand il est de bonne qualité et convenablement traité.

Les bois d'œuvre en grume ou équarris doivent séjourner le moins possible dans les coupes, et on doit se hâter de les transporter dans les dépôts, les magasins, les ateliers et les chantiers, où l'on emploie pour les conserver, des moyens différents selon les localités, et aussi selon les ennemis que l'on a le plus à redouter. Dans les pays froids et humides où l'on n'a pas beaucoup à craindre les grosses fentes, les marchands empilent leurs bois en plein air. Ils prennent seulement la précaution d'établir sous les piles, des sommiers assez forts pour que les pièces du fond ne soient pas en contact immédiat avec le sol, et dans les dépôts bien tenus on bétonne et on pave l'emplacement des piles pour intercepter les émanations de la terre. Les pièces d'une même pile ne doivent pas se toucher, et chaque lit d'une pile doit être séparé par des calles, de celui sur lequel il repose; en un mot, on place les bois de manière que l'air puisse librement circuler entre chaque pièce et on recouvre le lit supérieur avec de mauvaises planches disposées en toit de manière à abriter les bois contre la pluie et contre les ardeurs du soleil. Ce moyen est le plus communément employé dans les magasins des marchands et dans les chantiers de construction de l'État. Mais dans les pays chauds, les bois ainsi empilés en plein air, se fendraient et se tourmenteraient tellement sous l'action des fortes chaleurs qu'ils deviendraient souvent hors de service. C'est pour parer à cet inconvénient que dans le midi, on empile les bois sous des hangars bien aérés et construits de façon à préserver, autant que possible, les pièces des alternatives de sécheresse et d'humidité qui amènent la pourriture. On remarque du reste que les bois du midi, notamment les chênes de Provence, étant plus nerveux que ceux des départements du nord, sont plus disposés à se fendre et qu'on risquerait d'en perdre un bon nombre, si on ne prenait toutes les précautions nécessaires pour éviter le dessèchement brusque et inégal de ces bois.[1]

Dans les chantiers de la marine, on conserve une partie des approvisionnements en bois sous des hangars construits exprès, ou bien on empile les bois en plein air, ou on les immerge dans des réservoirs ou des bassins remplis d'eau. Mais quelque soin que l'on prenne, les bois empilés en plein air ou sous des hangars sont toujours exposés à la piqûre et à la vermoulure, ou bien ils s'échauffent et pourrissent sous l'influence de l'humidité et de la chaleur, ou bien enfin ils souffrent de l'excès de sécheresse qui nuit surtout aux bois de mâture en faisant disparaître la résine qu'ils renferment ; tandis que l'on évite ces inconvénients en immergeant les bois les plus précieux dans l'eau de mer. L'expérience a prouvé que l'eau

(1) Lorsque les bois équarris ou débités paraissent disposés à se fendre, ce qui apparaît ordinairement dans les régions du cœur, on arrête et on prévient les grosses fentes, en reliant les parties qui tendent à se séparer avec des S en fer que l'on enfonce dans le bois.

de mer était plus favorable à la conservation des bois, que l'eau douce; mais l'immersion des pièces dans l'eau de mer pure les exposerait à un ennemi bien autrement dangereux, le tarièt naval, qui pullule dans la mer avec une remarquable fécondité, et qui s'attaque indistinctement à tous les bois. Or on a remarqué que le tarièt ne peut vivre dans les eaux saumâtres, ni dans la vase; et suivant les localités, on s'est basé sur ce fait pour arriver à une conservation parfaite des bois de marine les plus précieux. A Brest et dans les

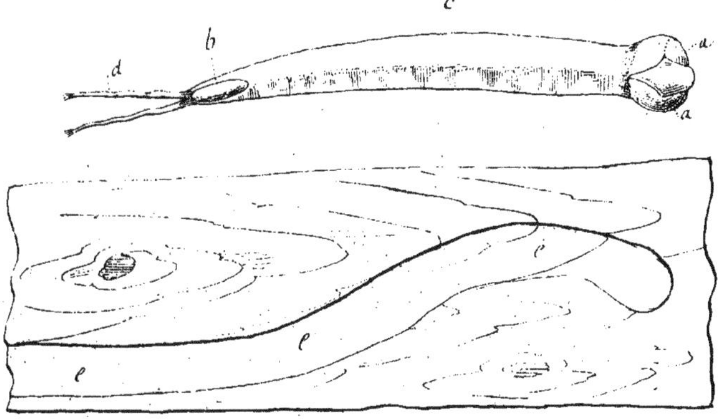

Tarèt naval, (grandeur naturelle.)

a - Mandibules tranchantes ayant la forme de tarrières (en calcaire.)
b - Petite coquille bivalve à la queue;
c - Corps du tarèt, glaireux;
d - Tubes ayant constamment un mouvement d'inspiration et d'expiration;
e - Logement du tarèt dans une pièce de bois.

---

ports à marée, on enfouit les bois dans les vases molles qui couvrent le littoral et qui sont toujours imprégnées d'eau de mer par la marée. On a pu utiliser ainsi des mâtures du nord qui étaient enfouies dans ces vases depuis 100 ans, sans qu'on ait remarqué la moindre altération dans le bois parfait. A Toulon, on a préparé dans le même but d'immenses fosses dans lesquelles on introduit à la fois de l'eau de mer et de l'eau douce, jusqu'à ce que le degré marqué par le pèse-sel, indique un mélange suffisant pour tuer les tarets. C'est aussi en partie pour préserver les bâtiments des atteintes du taret naval, que l'on revêt d'une feuille de cuivre, la partie extérieure de la carène jusqu'à la hauteur de la ligne de flottaison.

Les bois que l'on façonne dans les coupes, les sciages, les bois de fente, sont moins sujets à se fendre que les pièces de charpente en grume ou équarries; ces bois sont aussi moins exposés, surtout, le merrain, à la vermoulure et à la pourriture, parcequ'ils sont ordinairement bien purgés d'aubier et de tout principe de maladie. Mais lorsque les planches et le merrain sont exposés aux injures de l'air, ils se voilent et se tourmentent, si on ne prend soin de les disposer en pile de la manière que tout le monde connait. Dans les magasins, les dépots et les chantiers, les sciages et les bois de fente s'empilent séparément et par espèce de même que les bois ronds ou équarris, et l'on prend les mêmes précautions pour faire circuler l'air dans chaque pile.

Les planches étant plus particulièrement destinées à la menuiserie, sont en général d'autant plus recherchées qu'elles sont plus sèches. Le flottage hâte le dessèchement des bois, et pour les planches on remarque de plus que celles qui ont été flottées, se tourmentent et se déjettent moins quand elles sont mises en œuvre; aussi les planches flottées sont elles plus recherchées que les autres pour la menuiserie.

Art.^e 3.

Du mode de conservation des bois par le procédé du docteur Boucherie.

D'autres moyens sont encore employés pour conserver les bois d'œuvre ; Les enduits, tels que les peintures à l'huile, le goudron, le brai, dont on a coutume de se servir, sont excellents pour empêcher que les bois ne soient pénétrés et endommagés par la pluie ou par l'humidité de l'air. Mais on ne doit en couvrir la surface entière des bois que lorsque ceux-ci sont parvenus à un certain degré de dessèchement, attendu que si les enduits s'opposent à la pénétration de l'humidité extérieure, ils apportent en même temps un obstacle à l'évaporation de l'humidité renfermée dans le bois et provoquent à l'intérieur la fermentation et la pourriture.

Les autres procédés consistent à expulser la sève des bois abattus et à la remplacer par une substance qui assure leur conservation. Après bien des essais qui furent tentés surtout en Angleterre, le docteur Boucherie de Bordeaux, a trouvé un moyen simple de résoudre l'important problème de la pénétration des bois. Pour rendre compte de ce procédé et de son degré d'utilité, nous ne pouvons faire mieux que de rapporter l'appréciation qui en a été faite par Mr Brongniart, dans un rapport joint aux procès-verbaux du jury de l'exposition universelle de 1855.

„ Il y a maintenant plus de quinze ans que le „ docteur Boucherie, dirigé par des études scientifiques „ très justes, chercha à faire pénétrer dans les bois diverses „ dissolutions par les mêmes voies que suit la sève qui „ s'élève dans le tissu ligneux.

„ Les procédés, qu'il a employés, reposent sur ce principe,
„ que le liquide qui doit donner au bois certaines proprié-
„-tés particulières doit remplacer la sève qui y existe, péné-
„-trer dans tous les espaces qu'elle occupe, et l'en expulser
„ complètement.

„ M. Boucherie s'était servi d'abord de la force
„ de succion qu'exercent les feuilles pour faire pénétrer
„ dans l'arbre, encore vivant, le liquide conservateur
„ qui devait remplacer la sève. Ce procédé très simple en
„ apparence, était très difficilement applicable à de grandes
„ pièces de bois, et devait, en outre, être exécuté sur le
„ lieu même où l'arbre venait d'être abattu et immédiate-
„-ment après l'abatage. Bientôt M. Boucherie vit
„ qu'il pouvait s'affranchir de ces diverses conditions; qu'une
„ faible pression de 2 ou 3 mètres d'eau pouvait remplacer
„ la force d'ascension de la sève, et qu'il suffisait que le
„ bois fut encore humide et pénétré de sève pour que le liquide
„ conservateur pût pénétrer dans son tissu, faire écouler la
„ sève qui s'y trouvait renfermée, en occuper la place et y
„ déposer les matières qui doivent assurer la conservation
„ du bois.

„ En agissant sur des bois abattus depuis deux ou
„ trois mois au plus, et encore remplis de sève, en faisant
„ pénétrer le liquide conservateur par une section transversale
„ opposée, on peut, sous cette faible pression, opérer la péné-
„-tration dans un temps qui varie de quelques heures à
„ deux jours au plus, suivant la grandeur de la pièce de
„ bois et la nature de l'arbre.

„ Toutes les solutions aqueuses peuvent ainsi pénétrer
„ le tissu du bois et y déposer ensuite la matière qu'elles
„ tenaient en dissolution; de nombreux essais ont maintenant
„ constaté que le sulfate de cuivre était le sel qui assurait le

mieux la conservation du bois exposé dans les circonstances atmosphériques les plus défavorables.

„ Tous les bois se pénètrent dans leur partie vivante „ que parcourt naturellement la sève qui s'élève dans leurs „ troncs ; mais chez beaucoup d'arbres la partie la plus „ âgée, le cœur du bois, ou certaines parties plus denses „ de chaque couche annuelle sont promptement obstruées „ et deviennent étrangères à ce mouvement des liquides „ dans le tronc de l'arbre. Ces parties ne se pénètrent „ pas de liquide conservateur, mais ce sont celles qui, „ naturellement, sont presque inaltérables et résistent à „ toutes les causes de destruction. Il résulte de ce fait „ que, dans les bois à cœur dur comme le chêne[1], c'est „ l'aubier qui se pénètre et devient aussi inaltérable que „ le cœur lui-même ; que, dans les bois dont le cœur ne „ durcit pas et qui sont facilement altérables dans „ toute leur épaisseur, comme le hêtre, le charme, le bouleau, „ l'aune, le sapin, toutes les parties étant perméables, „ deviennent inaltérables par la pénétration complète du „ liquide conservateur, qui assure ainsi à des bois de „ très mauvaise qualité une durée plus grande qu'à du „ cœur de chêne de première qualité.

„ L'application la plus étendue de ce procédé a été „ faite sur le chemin de fer du Nord. Depuis 1846, 80,000 „ traverses[2] préparées par M. Boucherie ont été posées sur

---

(1) Il en est de même du pin, du mélèze et de tous les bois résineux dont le cœur est fortement imprégné de résine concrète qui obstrue les canaux. L'aubier seul de ces bois, peut être pénétré par le liquide conservateur.

(2) Aujourd'hui plus de 700 000 traverses (environ 70.000 mètres cubes) préparées par M. Boucherie, sont posées sur les chemins de fer du Nord, d'Orléans, de l'Ouest, de l'Est et du midi.

„ ce chemin. Celles en service depuis 1846 qui ont été
„ bien préparées, sont aujourd'hui exactement comme le jour
„ où elles ont été posées ; leur état de conservation, au bout
„ de huit ans, est tel qu'il n'est pas possible de prévoir une
„ limite à leur durée.

„ Ces traverses sont en bois de hêtre, de charme, de
„ bouleau et de pin ; préparées, elles reviennent aux prix
„ des traverses en cœur de chêne, et on les préfère à ces
„ dernières.

„ L'administration des lignes télégraphiques confirme
„ l'efficacité de ce procédé d'injection appliqué aux poteaux
„ en bois de pin qui portent les fils des télégraphes électriques.
On sait que des poteaux de cette sorte, lorsqu'ils ne
„ sont pas préparés, s'altèrent très rapidement, surtout
„ au niveau du sol.

La conclusion à tirer du rapport que nous venons de citer, c'est que les bois qui sont le plus sujets à la vermoulure et à la pourriture, quand ils sont exposés aux variations de l'atmosphère, peuvent, dans les mêmes conditions, acquérir une durée beaucoup plus longue, lorsqu'au préalable ils sont injectés de sulfate de cuivre, et remplacer les bois précieux, au moins dans certains emplois. C'est donc une découverte très importante que celle du docteur Boucherie ; et elle mérite d'autant plus notre attention que la préparation des bois par l'emploi du sulfate de cuivre et par la seule force de la pesanteur n'est pas une opération très coûteuse, puisque, au dire même des industriels qui exploitent l'invention de M. Boucherie, la dépense ne s'élève en totalité qu'à 17f.50 par mètre cube de bois préparé et consiste, pour la plus forte partie, dans le prix du sulfate de cuivre dont il faut 5 à 6 kil. par mètre cube. Mais hâtons nous de dire que si une dissolution de sulfate de cuivre substituée à la sève et à tous les principes pernicieux qu'elle renferme a pour effet de retarder la décomposition et la désorganisation des tissus ligneux, cette préparation ne peut rien changer à la structure propre du bois et, par conséquent, ne doit rien ajouter à sa qualité sous le rapport de la ténacité et de l'élasticité[1]. Que si, par exemple, une traverse de hêtre injecté de sulfate de cuivre peut remplacer avec avantage, sous le rapport de la durée, une traverse du chêne le meilleur, il n'est pas présumable que le hêtre, quelque préparation qu'il subisse, puisse jamais remplacer le chêne ou le pin dans les grandes constructions civiles ou navales.

Description et dessin d'un chantier de préparation des bois au sulfate de cuivre.

A. Cuve placée à environ 10 mètres au dessus du sol et contenant l'eau saturée de sulfate de cuivre. Cette eau y est montée par une pompe H placée dans une seconde cuve F au pied du chantier.

B. Tuyau de plomb par où descend l'eau de la cuve A pour pénétrer dans les bois disposés sur le chantier.

---

(1) Certains constructeurs sont même portés à craindre qu'une dissolution de sulfate de cuivre substituée à la sève, ne nuise à l'élasticité des bois de charpente en les rendant plus aptes à se dessécher complètement. Par contre, nous avons entendu exprimer l'opinion que l'on pourrait peut-être remédier au défaut d'élasticité du sapin, et à sa trop grande disposition à se dessécher à l'air dans certains emplois comme la mâture, si on le pénétrait d'un sel déliquescent tel que le chlorure de cuivre ou autre, qui entretiendrait toujours une certaine humidité dans le bois. Quant à nous, nous considérons que le plus grand progrès possible à faire dans cette voie serait d'arriver à utiliser l'aubier des bois de construction, comme le chêne et le pin, en l'injectant d'une substance qui puisse suppléer à ce qui lui manque pour être aussi durable que le bois parfait.

C, D, D', E, conduits formés d'arbres creusés en gouttière et disposés en pente, de manière à ce que les eaux qui suintent des bois saturés reviennent dans la cuve F, en traversant un panier G, où l'on met le sulfate de cuivre.

Le tuyau B, se prolonge dans le conduit C, il présente de deux en deux mètres environ, des orifices auxquels on a adapté des tuyaux en caoutchouc, b, b', b'' terminés chacun par un ajutage à robinet.

La cuve F contient une couche de gravier et une couche de paille pour filtrer l'eau qui y entre.

Préparation des bois.

La tronce I est destinée à être débitée en traverses de chemin de fer. Sa longueur est double de celle de ces traverses. On la dispose sur des cales de manière que ses deux bouts soient au dessus des conduits D, D' dont on a réglé l'écartement en conséquence. On scie la tronce par le milieu presque totalement (on laisse environ 5 à 6 centimètres de hauteur non sciés.) On renforce la cale du milieu pour augmenter la largeur du trait de scie. On introduit au bord du trait de scie et circulairement, une corde pour le boucher extérieurement. On supprime alors la cale du milieu, ce qui a pour effet de faire rapprocher les deux parties de la tronce et de serrer la corde. On obtient ainsi au milieu de la tronce un espace vide parfaitement clos. — Auprès du trait de scie on fait un trou oblique jusqu'à cet espace, et on y introduit l'ajutage d'un des tuyaux en caoutchouc. Le robinet étant ouvert, le liquide du tuyau B, qui est soumis à une forte pression, pénètre à travers les fibres du bois, et on le voit après 2 à 3 minutes, suinter par les deux bouts de la tronce dans les conduits D et D'' — L'opération dure vingt quatre heures environ. Les eaux qui suintent de la tronce, sont ramenées par les conduits C, D, D', E, dans le

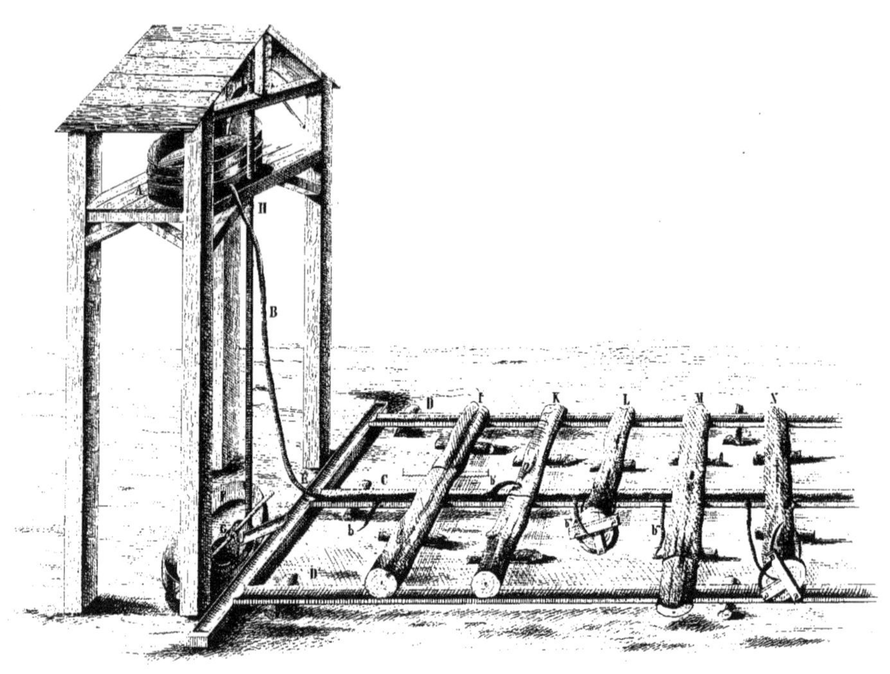

CHANTIER DE PRÉPARATION DES BOIS AU SULFATE DE CUIVRE

panier G, où elles reprennent du sulfate de cuivre, et dans la cuve F où elles se purifient; et sont remontées dans la cuve A, au moyen de la pompe H, pour servir de nouveau. — M, est une tronce qu'on a préparée de la même manière que la tronce I, mais qui est destinée à être débitée dans toute sa longueur. On a fait le trait de scie entre la partie propre au service ou à l'industrie, et la patte de l'arbre qui doit en être détachée. — Dans la tronce N et la tronce L, la patte est remplacée par un fort plateau de chêne, qu'on fixe à un des bouts de la tronce au moyen de crampons en fer. C'est entre ce plateau et la face de la tronce qu'on place circulairement la corde, et c'est à un trou du plateau qu'on adapte l'ajutage de l'un des tuyaux en caoutchouc. — On serre fortement le plateau contre l'arbre, au moyen d'écrous placés aux extrémités des tiges des crampons. — On renforce quelquefois le plateau, au moyen d'une plaque en cuivre.

Chapitre septième.

Du mesurage, du cubage et du mode de vente des bois abattus et débités dans les coupes.

Art.e 1.er Bois de feu.

Nous avons dit que les bois de feu se débitaient en quartier, rondin, charbonnette, fagots et bourrées. Dans le commerce on appelle plus spécialement bois de corde, le bois de quartier et de rondin.

Corder le bois, c'est l'empiler sous la forme d'un parallélipipède de dimensions variables. Anciennement les bois de feu se vendaient à la corde. Les dimensions de la corde variaient avec les localités; mais assez généralement on entendait par corde ordinaire, un parallélipipède rectangle, ayant 8 pieds de couche, 4 pieds d'élévation et 4 pieds de profondeur. La corde comprenait donc 128 pieds cubes ou 4 stères 387.

La corde d'ordonnance des eaux et forêts (ord. de 1669) avait 8 pieds de couche, 4 pieds de haut et 3 pieds 6 pouces de profondeur ou de longueur de bûche, ce qui faisait 112 pieds cubes ou 3 stères 840.

La voie de Paris équivaut à la moitié de la corde d'ordonnance, c'est-à-dire à 56 pieds cubes, ou à 1 stère 920.

La corde de port avait 8 pieds de couche et 5 de hauteur, la bûche ayant 3 pieds 6 pouces de longueur. Elle contenait, parconséquent, 140 pieds cubes et équivalait à 4 stères 799.

Ces anciennes mesures et bien d'autres sont encore en usage dans une grande partie du commerce des bois de feu; mais on les rapporte au stère qui est l'unité de mesure prescrite par la loi du 4 juillet 1837, pour la vente des bois de feu débités en bûches de quartier ou de rondin.

Le stère est un volume de bois de feu empilés ou cordés, ayant un mètre de couche, un mètre de hauteur, et un mètre de profondeur ou de longueur de bûche. En anciennes mesures, le stère ou mètre cube vaut 29 pieds, 2 pouces cubes. Le stère a, parconséquent, les mêmes dimensions que le mètre cube dont il diffère cependant, comme unité de mesure, en ce que dans le volume du stère, on comprend les interstices ou vides qui existent entre les bûches empilées, tandis que le mètre cube exprime un volume plein et sans vides. Mais comme dans le façonnage des bois de feu, la longueur des bûches varie avec les localités, on est obligé, dans le mesurage de ces bois, de faire varier les deux autres dimensions du mètre cube pour retrouver exactement le stère. Les réglements sur les nouvelles mesures veulent de plus, que le bois de feu que l'on vend au stère soit empilé eu égard à la longueur des bûches, à une hauteur telle que la mesure en stères et en décistères soit exactement indiquée par la longueur en mètres et en décimètres de la ligne de couche. Par exemple, on sait qu'en France, la longueur de la bûche de bois de feu est le plus ordinairement de 42 pouces de notre ancien pied, ou environ 1 mètre 14 cent.es; pour former le stère avec des bûches de cette longueur, on empile le bois sur un mètre de couche et 0.m 88 cent. de hauteur.

Le bois de charbonnette se mesure et se vend au stère comme le bois de corde.

Les fagots et les bourrées se vendent habituellement au cent, au demi cent et au quarteron.

Dans le commerce de détail, on vend aussi quelquefois le bois au poids. Les fournitures de bois de feu à certains établissements publics, se font aussi assez souvent au poids. Le poids varie avec l'essence, l'âge du bois, la partie de l'arbre dont il provient, et les conditions de sol et de climat dans lesquelles le bois a cru. En Lorraine,(1) le poids moyen d'un stère de bois bien empilé est d'environ :

435 k. pour le bois de vieux chêne ;
450 k. pour le jeune chêne et le hêtre, bois de tige ;
500 k. pour le rondin de charme ;
533 k. pour le quartier de charme.

II.

Des facteurs de conversion du volume apparent des bois de feu au mètre cube plein.

D'après la manière dont on mesure les bois de feu, on conçoit que la masse réelle de bois contenu dans un stère est très variable et qu'elle est en raison inverse des vides ou

(1) A Paris, on estime en moyenne le poids d'un stère de bois dur à 400 Kil.
——— id ——— id ——— de bois blanc à 300. id.
(Annales forest. 1856 page 138.)

interstices que laissent entr'elles les bûches empilées. Il en est de même des fagots et des bourrées qui, à dimensions égales renferment souvent des volumes de bois très différents. C'est pour éviter ces différences, que dans quelques localités on a voulu adopter la vente des bois de feu au poids, mais on y a renoncé généralement, parceque le poids d'un même volume de bois change beaucoup avec le degré de dessèchement.

Le volume réel d'un stère de bois empilé, est plus ou moins fort pour une même essence, selon que les bûches sont plus ou moins grosses, et que le bois est plus ou moins droit, uni, noueux ou tortueux. Ce volume varie encore avec la longueur des bûches; il est plus fort lorsque les bûches sont plus courtes, parcequ'alors le bois se range mieux dans l'empilement. En somme, il est certain que, eu égard au profit qu'on en tire, le beau bois se vend moins cher, proportion gardée, que le petit bois, parcequ'il a plus de qualité et qu'il s'empile mieux.

Il y a deux manières principales de déterminer le volume réel du bois contenu dans un stère empilé: 1.° En plongeant le bois dans une cuve en partie remplie d'eau, et en mesurant le volume d'eau déplacée; 2.° En cubant exactement et l'une après l'autre, par les procédés de la géométrie, chacune des bûches comprises dans le stère empilé.

De ces deux procédés, le dernier est le moins exact, mais il est plus expéditif que le premier. Aussi l'emploie-t-on de préférence dans les expériences que l'on fait en forêt. Il consiste à cuber chaque bûche comme un cylindre régulier de même hauteur et ayant pour base le cercle du milieu. La somme de tous ces volumes donne la masse réelle du bois compris dans un stère. Si ensuite on prend le rapport du mètre cube plein au volume empilé, on a le facteur par lequel on doit multiplier le volume empilé dans un stère pour avoir le mètre cube plein. Ce facteur varie, pour une même essence, avec les circonstances que nous avons

carbonisation le plus généralement employé dans nos forêts, et nous avons dit que dans les meilleures conditions le rendement en poids du charbon obtenu par ce procédé ne dépassait pas 20 à 22 p %. Enfin, nous avons donné quelques indications qui peuvent servir à faire reconnaître la qualité du charbon.

Dans le commerce, le charbon de bois se mesure et se vend ordinairement à l'hectolitre, au poinçon, à la verse, à la voie, et à la banne.

Le poinçon, ancienne mesure d'ordonnance contenait 240 pintes, mesure de Paris, ou environ 240 litres.

La verse, sorte de corbeille qui, dans certaines localités, est appelée van, contenait environ 37 litres. Mais cette mesure de capacité variait beaucoup avec les localités.

La voie de charbon, mesure de Paris, contient 200 litres. (ann. forest. 1856, page 137.)

La banne est, comme la verse ou le van, une mesure très variable. La banne est une sorte de fourgon formé avec des claies, qui sert surtout à transporter les charbons au lieu de consommation ou sur les ports d'embarquement.

Ces anciennes mesures tendent à disparaître du commerce et sont généralement remplacées par l'hectolitre. Dans quelques localités, on cherche aussi à substituer à la vente à l'hectolitre la vente au poids qui est beaucoup plus rationnelle, surtout pour le commerce de détail. En effet, tandis qu'à volume égal, le charbon de bois dur donne plus de chaleur que le charbon de bois tendre, un même poids de charbon donne la même quantité de chaleur quelle que soit l'essence dont il provient. Il est à remarquer seulement que le charbon de bois tendre brûle et se consume plus vite que le charbon de bois dur. Dans les forges, le charbon de bois dur est surtout estimé pour la fonte du minerai; le charbon de bois plus tendre, de tremble, d'aune, de pin, de sapin &c. s'emploie avec avantage dans les feux d'affinerie. Le premier se désigne sous le nom de charbon fort, le second sous le nom de charbon doux.

Dans les établissements industriels, on apporte une grande attention à la qualité des charbons qu'on emploie. Cette qualité s'apprécie d'après la densité du bois et, par conséquent, pour une même espèce, elle peut varier avec l'âge des arbres. Le meilleur charbon est fourni par le bois qui touche à sa maturité; c'est ce qui fait que le charbon provenant de bois exploité en taillis, à un âge convenable, est aussi bon que celui qui provient de jeunes futaies. Les bois très vieux, les bois sur le retour dépérissants, échauffés, les bois flottés et les bois très jeunes ne donnent relativement que du charbon de qualité inférieure. La qualité du charbon dépend aussi de son degré de cuisson, de la saison dans laquelle le bois a été abattu et de son degré de dessication au moment de la carbonisation. Le charbon cuit à point, donne plus de chaleur que le charbon trop cuit ou pas assez cuit. Le bois coupé dans la saison morte donne plus de chaleur et un meilleur charbon que le bois coupé en temps de sève. Le bois que l'on carbonise après quelques mois de coupe et lorsqu'il ne renferme plus que 20 à 25 % d'eau hygrométrique, donne un charbon meilleur que celui que l'on obtient du bois vert ou du bois très desséché.

Le charbon bien fait varie de poids avec les essences et la qualité du bois. En Lorraine, le charbon de bois dur mêlé pèse en moyenne 22 à 25 kil. l'hectolitre.

Dans le transport des charbons, on doit éviter, autant que possible les secousses, les cahots de voiture, les transbordements &c. qui ont toujours pour résultat de briser le charbon, ce qui détermine un déchet dans la quantité et aussi, dit-on, dans la qualité du combustible. Rendu au lieu de consommation, le charbon doit être mis en lieu sec et aéré, et surtout préservé de la pluie.

Art. 2.

Mode de mesurage et de cubage des bois d'œuvre en grume ou équarris.

Dans le cubage ou le mesurage et le mode de vente des bois d'œuvre, nous distinguerons les produits bruts que l'on désigne sous le nom général d'arbres ou de bois en grume, les bois équarris que l'on nomme quelquefois bois carrés et les produits façonnés dans les coupes.

1. Cubage des bois ronds.

Pour évaluer le volume entier d'une pièce de bois ronde avec ou sans écorce, on la considère ordinairement comme un cylindre de hauteur égale à la longueur de la pièce, et ayant pour base la surface du cercle mesuré au milieu, ou une moyenne proportionnelle entre les cercles mesurés au petit et au gros bout. On obtient ensuite le cube de la pièce par un calcul que tout le monde connait, ou bien ce qui est plus commode et plus expéditif, on se sert d'un tarif qui donne les volumes cylindriques de tous les arbres dont on connait la longueur et la circonférence moyenne ou la longueur et le diamètre moyen. La longueur de la pièce et la circonférence se mesurent avec un ruban gradué ; le mesurage du diamètre se fait avec le compas forestier.

Le résultat du cubage effectué par ces deux procédés, s'exprime en mètres et en décimètres cubes. Mais dans le commerce on a assez généralement l'habitude d'exprimer ce résultat en solives.

La solive est une fraction du mètre cube. On distingue l'ancienne et la nouvelle solive.

La solive ancienne se considérait sous deux points de vue. 1°. Comme pièce de charpente : c'était un prisme rectangulaire droit de 12 pieds de haut et de 6 pouces d'équarrisage valant, parconséquent trois pieds cubes. 2.° Comme unité de volume, c'était sous une forme quelconque l'équivalent de trois pieds cubes, ou ou en mètres cubes, 0.m.c 102830.

La nouvelle solive n'est autre chose que le décistère ou la dixième partie du mètre cube; elle équivaut parconséquent à 100 décimètres cubes. Elle diffère peu comme on voit de la solive ancienne; d'où il suit que pour exprimer le résultat du cubage en solives anciennes ou nouvelles, il suffit de reculer la virgule d'un rang vers la droite. 1000 solives anciennes équivalent à 1028 solives nouvelles.

Nous venons de dire comment on évalue le volume entier des bois ronds. En terme de cubage, on désigne ordinairement sous le nom de volume en grume, le volume cylindrique ou entier des bois ronds, qu'ils soient ou non recouverts de leur écorce. Mais on n'emploie guère les bois sous cette forme; le plus souvent on les équarrit plus ou moins fort avant de les mettre en œuvre, soit pour enlever l'aubier en tout ou en partie, soit pour tout autre motif. De là est venu l'usage presque généralement admis dans le commerce, de cuber les bois d'œuvre en grume comme si les pièces étaient équarries.

Il y a trois manières principales de cuber les bois ronds comme s'ils étaient équarris, savoir:

1.° Au quart sans déduction.

2.° Au cinquième déduit.

3.° Au sixième déduit.

Le cubage d'un tronc d'arbre ou d'une pièce de bois au 1/4 sans déduction, consiste à prendre le quart de la circonférence mesurée au milieu de la pièce, ou le quart de la circonférence moyenne entre les deux circonférences mesurées au petit et au gros bout, à élever ce quart au quarré, et à multiplier cette surface par la longueur de la pièce. Le volume que l'on obtient ainsi est égal au 0,78.e du volume cylindrique, soit un peu moins des 4/5.es du volume total de la pièce.

En effet on a : $V_{\frac{1}{4}} = \frac{\pi^2 R^2 H}{4}$ ...... $V^{cyl} = \pi R^2 H$

d'où $\frac{V\frac{1}{4}}{V_{cyl.}} = \frac{\frac{\pi^2 R^2 H}{4}}{\pi R^2 H} = \frac{\pi}{4} = 0,785$, ou 78.5 p% du volume en grume.

Le cubage au cinquième déduit consiste à retrancher le cinquième de la circonférence moyenne, à prendre le quart du reste et à l'élever au quarré, puis à multiplier cette surface par la longueur de la pièce. On arrive au même résultat, en élevant au quarré le cinquième de la circonférence et en multipliant le produit par la longueur. Le volume au cinquième déduit est sensiblement égal à la moitié du volume cylindrique. En effet on a pour l'expression du volume au 1/5 : $V\frac{1}{5} = (\frac{2}{5}\pi R)^2 H$

d'où $\frac{V1/5}{V_{cyl.}} = \frac{(\frac{2\pi H}{5})^2 H}{\pi R^2 H} = \frac{4\pi}{25} = \frac{12.566}{25} = 0.503.$

d'où V1/5 = 50, 3 p % du volume en grume.

Le volume au sixième déduit s'obtient en retranchant le 6e de la circonférence, en élevant au quarré le quart du reste et en multipliant le produit par la longueur de la pièce. Le volume au 6e déduit est sensiblement égal aux 0, 54ème du volume cylindrique.

En effet on a :

$$\frac{V1/6}{V_{cyl.}} = \frac{(\frac{5}{12}\pi R)^2 \times H}{\pi R^2 H} = \frac{25\pi}{144} = 0,545.$$

d'où V1/6 = 54, 5 p% du volume brut.

Pour abréger les calculs de cubage, on se sert de tarifs qui donnent les volumes en grume au 1/4 sans déduction, au 1/5e ou au 1/6e déduit correspondant à une circonférence et à une longueur données.

Tels sont les différents procédés usités dans le commerce pour le cubage des bois ronds. Les résultats s'expriment toujours, comme nous l'avons dit précédemment, en mètres et décimètres cubes, ou simplement en solives ou décistères.

Pour que ces résultats soient exacts, il faut évidemment que le mesurage ait été fait rigoureusement avec un ruban métrique, par exemple, qui ne serait susceptible ni de s'allonger ni de se raccourcir. Or, il arrive presque toujours dans le commerce, que ces mesurages se font avec des ficelles préparées à l'avance et dont la longueur est divisée par des nœuds en parties correspondantes à des fractions du mètre ou du pied. Ces ficelles sont très hygrométriques ; elles s'allongent ou prennent du retrait selon qu'elles sont mouillées ou sèches ; ce qui donne lieu souvent à des fraudes assez importantes entre acheteurs et vendeurs. Ces fraudes proviennent surtout du mesurage des circonférences dont la fonction entre au carré dans l'expression du volume. Elles sont toujours très faciles à commettre, alors même que l'on se servirait du ruban gradué, soit en mesurant la circonférence obliquement à l'axe de la pièce, soit en faisant passer le ruban sur des nœuds ou des renflements de la tige, soit enfin en serrant plus ou moins le ruban, ou en n'appelant pas fidèlement la graduation accusée par le mesurage.

Une autre cause de fraude encore, c'est la multiplicité et la variété des tarifs avec lesquels on calcule le volume des pièces d'après les mesures prises. Ces tarifs donnent le volume des pièces de toutes dimensions en mètres et décimètres cubes, ou en décistères ou solives. On trouve de ces comptes faits dans toutes les localités forestières, et en général ils sont appropriés par leur forme et leur construction aux usages du commerce de la contrée. Or, il est de ces tarifs qui ont été construits d'après des données très variables et qui, pour une quantité de bois un peu considérable, conduisent à des résultats très différents ; tels sont les tarifs dont la construction a pour base les anciennes mesures en pieds, pouces, mesures variables comme on sait avec les localités, quoique semblables en apparence par les noms qu'elles affectent dans leurs divisions et subdivisions. Lors donc que l'on veut se servir d'un tarif pour abréger les calculs de cubage ; il faut avoir soin de l'examiner avec attention, de se rendre compte exactement de la manière dont il a été construit, et d'employer dans le mesurage de la longueur et de la circonférence des pièces, les unités linéaires et le mode de mesurage qui ont servi de base à la construction de ce tarif.

En général, le commerce abandonne le centimètre impair dans la mesure de la circonférence, les fractions de décimètre et le décimètre impair dans la mesure de la longueur ; ou bien on mesure la circonférence de pouce en pouce en négligeant les fractions, et l'on abandonne également quelques pouces sur la longueur. — Dans la construction des tarifs, on a tenu compte de ces habitudes du commerce, et pour toutes les hauteurs on n'y trouve que les volumes correspondant aux circonférences mesurées de deux en deux centimètres ou de pouce en pouce

Au lieu de mesurer la circonférence moyenne des pièces à cuber, on se contente quelquefois de prendre le diamètre moyen avec un compas forestier. Dans ce cas, il faut avoir soin de présenter l'ouverture du compas dans le sens du plus grand et du plus petit diamètres, afin de déterminer le plus exactement possible le diamètre moyen. On dit qu'un arbre est méplat lorsqu'il existe une différence sensible dans la longueur du plus grand et du plus petit diamètres mesurés en un même point.

Dans le commerce des bois de charpente et dans les chantiers de la marine, le mot stère est souvent employé pour exprimer la solidité du mètre cube plein.

II. Cubage des bois équarris.

Les différents procédés de cubage que nous venons d'indiquer s'appliquent particulièrement aux bois ronds ou ou en grume, avec ou sans écorce, tels qu'ils ont été découpés, après l'abatage, dans les coupes en exploitation. Les bois de travail ou d'industrie se vendent et se cubent ordinairement sous cette forme. Quant aux bois de service qui doivent être exportés loin du lieu de production, on les équarrit d'ordinaire sur le parterre des coupes, afin de rendre leur transport plus facile et moins couteux. Tels sont, pour la plupart, les bois de charpente de chêne qui alimentent le commerce de Paris. Tels sont aussi les bois de chêne que l'on destine aux constructions navales. Les bois de commerce sont souvent peu équarris; tandis que les bois façonnés sur devis sont quelquefois équarris à vive arête, c'est-à-dire de manière que les angles soient bien marqués, de bois dur et solide, et sans aubier.

Par le mot équarrissage, on entend aussi, en terme de cubage, la mesure de la largeur et de l'épaisseur d'une pièce de bois équarrie. — On dit qu'une pièce a 16 centimètres (6 pouces) d'équarrissage, si elle a cette mesure sur chaque face. On dit qu'une pièce a 16 sur 22 centimètres (6 sur 8 pouces) d'équarrissage, quand elle a 16 centimètres d'épaisseur sur 22 centimètres de largeur.

Pour cuber une pièce de bois équarrie on la considère comme un parallélipipède rectangle ayant pour hauteur la longueur de la pièce, et pour base le rectangle formé par les mesures d'équarrissage prises au milieu, ou par la moyenne des mesures d'équarrissage prises au petit et au gros bouts. Les mesures d'équarrissage se prennent avec une équerre, qui se compose d'une règle divisée en centimètres ou en pouces et portant à l'une de ses extrémités une autre règle fixée à angle droit.

Les bois de commerce étant souvent équarris fort irrégulièrement, des règlements particuliers déterminent ordinairement le mode de mesurage et de cubage de ces bois dans chaque localité. Ainsi à Paris le mesurage des dimensions de la base se fait de 3 en 3 centimètres pleins, et celui des longueurs de 25 en 25 centimètres pleins (arrêté des entrepreneurs de charpente — 1er Janvier 1840), tandis qu'à Rouen, la mesure de l'équarrissage se prend de 2 en 2 centimètres et les longueurs de 20 en 20 centimètres. Le volume de ces bois se calcule ensuite, de même que celui des bois ronds, à l'aide d'un tarif construit sur les bases adoptées dans la localité pour le mesurage de la longueur des pièces et des côtés d'équarrissage.

Art.e 3.

Du mode de mesurage et de vente des bois d'industrie ou de travail façonnés dans les coupes.

Parmi les marchandises autres que le bois de feu, qui se fabriquent en forêt, nous n'avons considéré que les principales, à savoir : Les sciages de chêne et de sapin et les ouvrages de fente.

1 Sciages de chêne.

Les planches de chêne débitées dans les coupes selon les usages du commerce de Paris, ont pour noms et pour dimensions.

Le grand battant	largeur — 0m 333 —	épaisseur — 0m 11
Le petit battant	id. — 0, 25 —	id — 0, 08
La doublette	id. — 0, 333 —	id — 0, 062
L'échantillon	id. — 0, 25 —	id — 0, 04
La membrure	id. — 0, 165 —	id — 0, 08
L'Entrevoux	id. — 0, 25 —	id — 0, 03
Le chevron	id. — 0, 08 —	id — 0, 08
La membrette	id. — 0, 18 —	id — 0, 05 à 0m 06
La frise	id. — 0, 12 à 0m 13 —	id — 0, 03

Ces marchandises se vendent ordinairement par lots assortis de différentes pièces. Dans ce cas l'unité de vente est le cent de toises courantes, ou les deux cents mètres mesurés dans la longueur. Et comme les planches ont des dimensions très différentes, on les compare et on les rapporte toutes à deux types, l'échantillon et l'entrevoux, dont les volumes sont des sous-multiples ou des multiples du volume des autres. C'est ainsi que:

Le grand battant vaut quatre échantillons ou 6 entrevoux;
Le petit battant „ — deux échantillons ou trois entrevoux;
La doublette „ — deux échantillons ou trois entrevoux;
La membrure „ un échantillon fort;
Le chevron „ un entrevoux;
La membrette „ un entrevoux faible ou 1/2 échantillon fort;
La frise „ un demi entrevoux.

On peut aussi exprimer la valeur de toutes les pièces d'un lot de sciage en échantillons et en entrevoux. Et comme l'entrevoux ne vaut lui-même que les 3/4 de l'échantillon, il en résulte que quand l'échantillon vaut 160f (le cent de toises, ou les 200 mètres) l'entrevoux ne vaut que 120f. Les prix de ces deux espèces de marchandises se rapprochent souvent un peu plus, par exemp. 160f et 125f ou 160 et 130f, selon les besoins ou la demande du commerce.

En général, la longueur des planches de chêne ne descend pas au dessous de deux mètres, et dans le toisé de ces planches, on compte les longueurs de 0m25 en 0m25 c/m. Une planche de 2m20 ne compte que pour 2 mètres.

Les sciages de chêne se vendent souvent aussi par lots d'échantillons, ou par lots d'entrevoux. D'après les usages du commerce, les lots d'échantillons doivent toujours comprendre 10 à 15 p % de membrures et de doublettes. La membrure seule se paie toujours mieux que l'échantillon.

Les planches débitées sur maille ne sont régulières ni de largeur, ni d'épaisseur. Pour la vente, ces planches sont triées et classées d'après leurs dimensions, puis ramenées d'après leur volume à l'unité de vente qui est l'entrevoux ordinaire.

En moyenne, on calcul que un mètre cube de bois en grume, donne 50 mètres courants d'échantillon; d'où il suit qu'il faut quatre mètres cubes en grume, ou deux mètres cubes au 5.e déduit, pour faire le cent de toises d'échantillon[1], ou encore une solive de bois au 5.e pour donner 5 toises ou 10 mètres d'échantillon.

On calcule de même qu'il faut 2.m600 à 3 mètres cubes de bois rond, ou 1.m300 à 1.m500 au 5.e déduit, pour fournir le cent de toises d'entrevoux.

11. Sciages de sapin.

Le mode de débit du sapin en planches varie avec les localités. Dans certaines contrées, on donne à la planche des longueurs et des largeurs variables avec la longueur et les diamètres au petit bout et au gros bout des pièces à débiter. Tous les traits de scie sont dirigés dans le même sens, de telle sorte qu'après le sciage, les planches peuvent se replacer les unes sur les autres et recomposer la pièce, de la manière indiquée dans la figure suivante : — Ou bien l'on équarrit la pièce à la scie et l'on obtient des planches dont les bords sont lavés ou avivés et que l'on nomme planches alignées. En Franche-Comté, on donne ordinairement à la planche alignée 4 mètres de longueur 0.m25 de largeur et 0.m027 ou un pouce d'épaisseur. Les autres planches que l'on nomme plats ou planches de plat ont même longueur et même épaisseur que la planche alignée, mais leur largeur est variable et doit être au moins de 0.m22 au petit bout.

Dans cette contrée de la France, on ne débite en planches qu'une faible partie du produit des sapinières, tandis que, dans d'autres localités et notamment dans les Vosges, la grande majorité

---

(1) Il est à remarquer que le prix des sciages de chêne n'a presque pas varié depuis un siècle.

des sapins sont façonnés sur place en sciage.

Les planches que l'on fabrique dans les Vosges sont de dimensions diverses, mais elles peuvent se comparer ou se réduire toutes à un même type, la planche marchande qui a :

de longueur - 3m.90. — ou 12 pieds ;
de largeur - 0m.244 — ou 9 pouces ;
d'épaisseur - 0m.027 — ou 1 pouce avec le trait de scie.

Cette planche se désigne sous le nom de planche de $\frac{12}{9}$ (12 pieds de longueur sur 9 pouces de largeur et 1 pouce d'épaisseur), son volume étant de 0m.c0257, il en faut 39 pour un mètre cube de bois façonné.

On fabrique aussi des planches de $\frac{12}{12}$, $\frac{11}{12}$, $\frac{11}{9}$, $\frac{12}{8}$, $\frac{11}{8}$ et d'autres planches ou madriers de largeur moindre et d'épaisseur variable qui servent, les premières plus spécialement pour faire les parquets, et les seconds à divers ouvrages de menuiserie. Ce dernier genre de débit est introduit depuis peu de temps dans les Vosges, mais il a déjà pris beaucoup d'extension, et il est très avantageux en ce qu'il permet de débiter en sciages des sapins qui n'ont pas plus de 0m.20 de diamètre et qui n'étaient employés autrefois que comme bois de feu, ou bien comme pièces de menue charpente quand les bois avaient assez de longueur.

On sait déjà que les planches de l'ancien débit des Vosges se désignent dans le commerce sous le nom de planches, rebuts et chous, et précédemment nous avons dit (Chap. III art. 2) ce que l'on entend par ces dénominations.

L'unité de vente de cette marchandise est le cent ou le mille de planches ordinaires ou marchandes.

Les planches ordinaires ou marchandes sont celles de $\frac{12}{9}$ et quelquefois de $\frac{11}{9}$. Mais lorsque l'on dit que les planches valent 115 ou 118f., ce prix s'applique à cent planches de $\frac{12}{9}$. Les planches de $\frac{11}{9}$ valent toujours 9 ou 10f. de moins.

Les planches réduites de $\frac{12}{8}$ et $\frac{11}{8}$ se paient, en moyenne, 20f.

de moins que celles de 9 pouces de la même longueur.

Les planches larges de $\frac{12}{12}$ et $\frac{11}{12}$ se comptent dans le commerce pour une planche et demie (ordinaire) de même longueur ; tandis qu'en réalité, la planche large ne cube que moitié en sus de la planche réduite ou de 8 pouces de largeur. On donne à cette planche un prix spécial inférieur, en général, au prix de la planche de 9 pouces, mais supérieur au prix des planches de 8 pouces.

Le cent ou le mille de planches contient ordinairement 1/4, 1/3 ou même moitié de chons et rebuts ; mais on ne compte un chon ou un rebut que pour une demi planche.

On estime en moyenne qu'un mètre cube de sapin en grume, avec écorce, peut donner 26 planches ordinaires et chons. Ce nombre varie avec la grosseur des arbres à débiter.(1)

---

(1) Le rendement en planches de $\frac{12}{9}$ d'une bille ou tronce de sapin de 12 pieds de longueur est égal au quarré du petit diamètre mesuré en pouces, divisé par 12.

Ainsi une tronce de 24 pouces de diamètre, par exemple, donne 48 planches, dont 18 planches, 1re qualité sans noeuds, soit 3/8
24 – id – 2e qualité avec noeuds . . . 4/8
6 chons 1/8

(Ces rapports varient avec les dimensions des pièces, et leur état plus ou moins noueux.)

En effet, le volume de la pièce de sciage en grume est donné par la formule . . . . $\frac{1}{4}\,\pi D^2 H$

Le volume de la planche de 9 pouces de largeur est donné par la formule . . . . $9 \times 1 \times H$,

d'où le nombre de planches contenu dans la tronce.

$$\frac{\frac{1}{4}\pi D^2 H}{9 \times 1 \times H} = \frac{\pi D^2}{4 \times 9} = \frac{D^2}{12}$$

(On fait $\pi = 3$ pour tenir compte du trait de scie.)

III. Bois de fente.

Parmi les bois de fente qui se débitent en forêt, nous avons placé en première ligne celui qui sert à la construction des tonneaux, des cuves, cuveaux, &c.ª — Nous avons dit aussi que le bois de chêne est employé presqu'exclusivement à la construction des futailles qui doivent contenir des liquides et surtout des spiritueux; que le sapin sert à faire des cuves et des cuveaux pour les usages domestiques; que le sapin, le chêne de médiocre qualité, le hêtre et d'autres essences inférieures se débitent aussi en merrains propres à faire des tonneaux destinés à recevoir des marchandises sèches. Cependant, on a quelquefois employé avec succès, à défaut de chêne, le bois de cœur du hêtre, pour la fabrication des tonneaux destinés à contenir des spiritueux.

Les bois refendus en menues planches et débités de manière à faire des tonneaux, des futailles, des barriques, des cuves, des cuveaux &c.ª reçoivent différents noms selon les localités, et aussi selon l'emploi qu'on en fait et la place qu'ils occupent dans les divers ouvrages de tonnellerie. Ces planchettes refendues varient de longueur, d'épaisseur et de largeur selon les dimensions des ouvrages à construire, et assez communément on les désigne sous le nom général de merrain, ou bois de merrain.

Dans la fabrication du merrain, la longueur et l'épaisseur des deux échantillons principaux est toujours déterminée d'avance, mais leur largeur est variable, au moins dans une certaine mesure. On nomme tricage de longaille, ou de fonçaille, tricage de douelle ou de fonds, tricage de merrain ou de traversin, les pièces de même longueur et épaisseur que l'espèce, et n'ayant en moyenne que 2/3 de largeur.

Dans le commerce, le merrain assorti se compose de 2/3 de longailles et 1/3 de fonçailles. Il se vend au millier. Le millier de merrains comprend un nombre variable de pièces, suivant leurs dimensions et suivant les usages de la localité. Dans les Vosges, il se compose de 2917 pièces dont les deux tiers en douelles et 1/3 en fonds : Ces 2917 pièces estimées par rapport à deux types principaux, la bonne douelle et le bon fonds se réduisent à 2500 pièces qui dans la composition du millier se répartissent de la manière suivante :

Bonnes douelles	1112
Tricages de douelles, 833 pièces réduites aux 2/3, ci ...	555
Bonnes espèces de fonds	555
Tricages de fonds, 417 pièces réduites aux 2/3, ci	278
En tout	2500

La pièce de bonne douelle a de longueur 0m. 873, de largeur 0m. 126, et d'épaisseur 0m. 025. Ce qui fait un volume de 0m.c. 002750.

La pièce de tricage de douelle a de longueur 0m. 873, de largeur 0m. 082, et d'épaisseur 0m. 025, ce qui donne un volume de 0m.c. 001790

La pièce de bon fonds a 1m. 660 de longueur, 0m. 162 de largeur, 0m. 024 d'épaisseur, et un volume de 0m.c. 002566

La pièce de tricage de fonds a 0m. 660 de longueur, 0m. 110 de largeur, 0m. 024 d'épaisseur et un volume de ...... 0m.c. 001742.

D'où il résulte que le volume fabriqué d'un millier de merrains des Vosges, est de 6m.c. 699

Dans d'autres localités, le millier de merrains comprend 4300 pièces de quatre ou de six sortes, dont chacune a ses dimensions particulières et s'estime en fonction d'un type que l'on nomme également pièce réduite. Le millier comprend 2100 pièces réduites dont le volume est approximativement égal à 6 mètres cubes.

En champagne, le merrain se vend à la treille. La treille se compose d'un nombre déterminé de longailles, de fonçailles et de chanteaux, qui représentent le bois nécessaire à la construction de 50 tonneaux de 200 litres. On estime qu'il faut en moyenne 3 mètres cubes au 1/4 sans déduction, ou un peu moins de 4 mètres cubes en grume, pour donner une treille de merrain.

Dans les poudreries de l'Etat, on construit des tonneaux ou chapes destinées à loger les poudres, et pour lesquelles on emploie du merrain de chêne de dimensions variables. L'adjudication de ces fournitures se fait au mille de pièces, de longueur et d'épaisseur déterminées, et dont la largeur, variable pour chaque pièce, doit atteindre un certain minimum fixé d'avance pour chaque dixaine de pièces. Ainsi par exemple, 10 longuailles pour chappes de 100 kil. doivent avoir une largeur totale de 1.m30.

La marine emploie du merrain assorti de trois espèces pour la construction des tonneaux ou des pièces dites de 4, de 3 et de 2. Le millier assorti des trois espèces est de mille longailles et de six cents foncailles ou de quatorze cents longailles

Dans la fabrication du merrain de chêne de bonne qualité, le déchet est de 40 à 66 p % environ. On comprend du reste que ce déchet varie avec les forêts, qu'il dépend surtout de la quantité d'aubier que renferme le bois, et aussi de la dimension des arbres et de leur aptitude à la fente. Il en résulte qu'il faut en moyenne 1.m66 à 3 mètres cubes de bois en grume pour donner un mètre cube de merrain fabriqué.

Les pièces de sapin que l'on débite en aissis ou bardeaux pour la couverture des maisons, en merrains pour la fabrication des cuves et cuveaux, en cerches minces pour les boîtes à fromage et tous les menus ouvrages de fente, ne sont ordinairement que des tronces de fausse coupe ou des chûtes de sciage dites retranches. Ces bois se vendent au mètre cube et leur prix varie avec celui de la planche ou de la marchandise qui a le cours le plus régulier dans la contrée. Ces sortes d'ouvrages emploient d'ailleurs une portion relativement très petite de la production des sapinières. — Les mêmes observations s'appliquent au petit débit du hêtre.

Chapitre huitième.

Mode de recette des bois de marine.

Art.e 1.er

De la visite préparatoire des bois.

La fourniture des bois nécessaires aux constructions de la marine impériale a lieu par entreprise, suivant les conditions d'une adjudication publique, ou d'un marché de gré à gré entre les fournisseurs et le ministre de la marine. Ce traité détermine spécialement pour chaque fourniture, la quantité de stères dont elle se compose; la proportion des bois de chaque espèce dont elle devra être assortie, l'époque à laquelle la livraison devra être effectuée, le port ou l'arsenal dans lequel les bois seront conduits et livrés, les départements et arrondissements d'où les bois devront être exclusivement extraits. — Arrivés au port de livraison, les bois sont visités, mesurés et classés par la commission ordinaire des recettes de la manière que nous allons faire connaître.

La visite des pièces est ordinairement faite par des employés inférieurs de la marine, elle a pour objet de reconnaître les vices dont les bois pourraient être affectés, et elle consiste à examiner les nœuds, les parties viciées, altérées ou pourries, à les sonder avec la gouche, et à ébouter les pièces à la scie, afin de reconnaître l'importance et l'étendue des roulures, gélivures, cadranures, &.a qui pourraient exister. Les sondes doivent être faites avec ménagement dans la visite préparatoire et seulement en vue de signaler les vices à la commission[1] des recettes, à laquelle il appartient d'en apprécier ou d'en connaître l'étendue par des sondes

---

(1) La commission des recettes est composée d'ingénieurs et de s. ingénieurs de la marine.

plus complètes. Du reste les fournisseurs ont le droit de s'opposer à ces opérations, soit dans la visite préparatoire des bois, soit devant la commission. Dans le premier cas, les pièces sont soumises à la commission; dans le second elles sont rebutées, à moins que la commission n'autorise les fournisseurs à les faire retravailler sur place.

Art.e 2.

Mesurage, classement et cubage des bois de marine.

Lorsque la commission a désigné les pièces à admettre en recette et celles à rebuter, elle procède au classement des premières en signaux et en espèces. Le classement des pièces en signaux se fait d'après les formes qu'elles affectent. Le classement des signaux en espèces se détermine d'après leurs dimensions en longueur et en équarrissage. Le signal et l'espèce de chaque pièce étant arrêtés, on détermine sa valeur d'après son volume et le prix stipulé dans le marché pour le stère de bois de même signal et de même espèce.

La marine emploie dans ses chantiers des bois ronds et des bois équarris.

Les bois ronds sont reçus pour leur cube réel. Pour déterminer le volume de ces bois, on les considère comme des cylindres de grosseur égale au diamètre du milieu de la pièce, ou à la moyenne proportionnelle entre les diamètres mesurés au petit et au gros bouts. Les longueurs se mesurent en nombre pair de décimètres; toute fraction d'un décimètre et au dessous est négligée, celle qui dépasse un décimètre est comptée pour deux. Les diamètres se mesurent au double centimètre plein; toute fraction d'un centimètre et au dessous est négligée, celle qui dépasse un centimètre est comptée pour deux.

Les bois équarris se mesurent de la manière qui a été indiquée précédemment, et se cubent comme des parallélipipèdes

(1) voir art. IV, art. pages

à base carrée ou de rectangle, d'après leurs dimensions en longueur et en équarrissage. Mais on se souvient que parmi ces bois, les uns ne peuvent être reçus et classés que d'après leur équarrissage à vive arête, tandis que pour les autres, la marine tolère, dans une certaine mesure, l'aubier et les défournis ou flaches qui pourraient exister aux angles des pièces. A ce sujet l'article 24 des nouveaux marchés de bois de chêne porte : « Que l'aubier et les défournis « ou flaches existant aux angles des pièces ne donneront lieu « à aucune réduction, lorsqu'ils n'excéderont pas, à chaque « angle, quinze pour cent de la largeur de la pièce à l'endroit « correspondant à l'aubier ou au défourni. — L'aubier et le « défourni se mesureront sur les faces des pièces et non dia- « -gonalement. »

Le dernier paragraphe de ce même article permet de recevoir aux mêmes conditions les quilles, étambots, mèches de gouvernail, bittes, baux, barrots de gaillard et étraves, en un mot les signaux pour lesquels la marine exige l'équarrissage à vive arête, pourvu que l'on se guide pour le classement de la pièce, sur l'équarrissage à vive arête qu'on peut en tirer.

Jusqu'à présent la marine n'accordait aux fournisseurs qu'une tolérance de 10 p % d'aubier, et les réductions dont on frappait les pièces présentées variaient suivant le fournisseur qui équarrissait plus ou moins ses bois, ou suivant l'appréciation personnelle de l'ingénieur chargé des recettes. De là des contestations auxquelles il importait de mettre fin, en adoptant un mode de mesurage exempt de toute correction arbitraire, et qui accorde au fournisseur strictement les latitudes stipulées dans les marchés. Or, voici la marche adoptée dans ce but, pour les recettes sur place qui s'effectuent actuellement dans plusieurs départements.

Supposons une pièce bien configurée, c'est-à-dire, à

courbure régulière, dans laquelle l'équarrissage n'a pas été obtenu aux dépens du fil du bois. Si cette pièce, comme il arrive toujours, n'a pas été équarrie à vive arête, elle présentera sur toute sa longueur et à chaque angle une certaine couche ou épaisseur d'aubier. — Voir la fig. ci-dessous. — C'est le plus

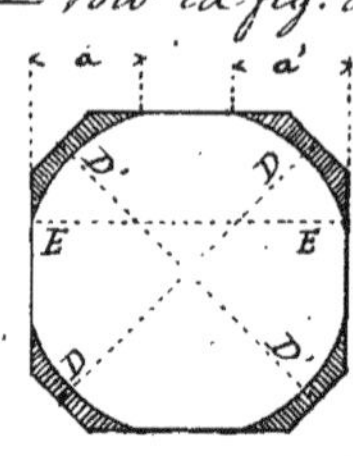

ou moins de largeur du chanfrein, dans l'angle de la pièce, qui occasionne le plus ou moins d'aubier sur la face équarrie, ce sont, par conséquent, les largeurs d'aubier a et a' qui ne doivent pas, chacune, dépasser 15 p % de l'équarrissage correspondant **EE'**.

Cela posé, on prend la longueur moyenne des deux diamètres **D** et **D'** de l'arbre sur aubier. Puis, à l'endroit même où les diamètres ont été mesurés, on détermine l'épaisseur moyenne de l'aubier, à l'aide d'une ou de plusieurs encoches faites à la hache, dans l'angle de la pièce et perpendiculairement aux fibres du bois. On retranche deux fois l'épaisseur moyenne de l'aubier du diamètre moyen précédemment obtenu et l'on a le diamètre moyen sur franc bois de l'arbre, à l'endroit que l'on a mesuré.

Si maintenant on suppose que l'on opère constamment au milieu des pièces, on conçoit que l'on puisse calculer d'avance et pour tous les diamètres de centimètre en centimètre, le côté d'équarrissage pour lequel il reste 15 p % d'aubier sur les faces. On formerait ainsi un tableau dans lequel on trouverait l'équarrissage correspondant au diamètre mesuré d'une pièce à recevoir.

Voici

Voici quelques uns des chiffres que renfermerait ce tableau.

Diamètre au milieu.	Equarrissage avec 15 p % d'aubier.	Diamètre au milieu.	Equarrissage avec 15 p % d'aubier.
0.m 10	0.m 082	0.m 45	0, 369
0, 15	0, 123	0, 50	0, 410
0 20	0, 164	0, 55	0, 451
0, 25	0, 205	0, 60	0, 492
0, 30	0, 246	0, 65	0, 535
0, 35	0, 287	0, 70	0, 574
0, 40	0, 328		

Supposons maintenant qu'une pièce présentée par un fournisseur porte en dimensions brutes 9m de longueur 0m 51 et 0m 50 d'équarrissage. Si le diamètre sur aubier est de 0m 64 d'un côté et de 0m 66 de l'autre et si l'aubier a une épaisseur moyenne de 0m 025, le diamètre moyen de l'arbre sur franc bois sera de 0m 60. Dès lors on peut recevoir la pièce avec un équarrissage moyen de 0m 49, c'est-à-dire qu'elle sera classée en 4P avec les dimensions suivantes : ... 90 – 50 – 48, si elle a de la courbure. On voit donc que le fournisseur aurait pu, à la rigueur, faire enlever à sa pièce d'un côté deux centimètres et de l'autre un centimètre qui ne lui sont pas comptés dans le cubage.

Si cette même pièce que nous avons prise pour exemple est droite, il pourra être plus avantageux de la classer parmi les quilles, parceque son équarrissage la fera monter d'espèce. Mais alors pour classer la pièce, il faut se guider sur l'équarrissage à vive arête qu'elle peut donner. Or, le diamètre de l'arbre sur franc bois étant de 60 centimètres, le carré inscrit dans le cercle a 0m 42 de côté (1), et parconséquent

(1) Un second tableau donne le côté du carré inscrit, pour chaque diamètre sur franc bois.

on peut classer la pièce comme 3Q^{t}, tout en la recevant pour le cubage avec les dimensions 90-50-48 comme précédemment.

Tel est le procédé de mesurage éminemment simple et exact qui a été récemment adopté par la marine. Il laisse subsister, il est vrai, 15 p % d'aubier sur toute la longueur de la pièce, tandis que les marchés n'admettent cette tolérance qu'à l'endroit des flaches ; mais, pour une pièce bien configurée, le mal n'est pas grand et, d'ailleurs, les marchés laissent toute latitude à l'ingénieur chargé des recettes pour frapper davantage les pièces vicieuses et celles qui sont mal configurées ou qui présentent des défournis trop considérables.

Il est bon d'observer cependant que le fournisseur n'a pas d'intérêt à forcer l'équarrissage de manière à arriver exactement aux dimensions qui serviront au cubage et au classement de la pièce. Il doit au contraire laisser sur chaque face deux ou quatre centimètres en plus, qui ne lui seront pas payés il est vrai, mais qui sont destinés à compenser les réductions qu'occasionneraient les fentes, frottures ou autres accidents auxquels sont exposés les bois qui font un long trajet avant d'arriver au port de mer.

Nota. — Pour prendre une idée de la valeur des bois de marine à notre époque et de la rareté de certains signaux ; on peut consulter le tableau suivant que nous extrayons des marchés passés à Paris le 27 juillet 1857.

Dans la pratique, ce travail se complique en outre de détails particuliers à chaque forêt et d'expériences d'accroissement qui sont plus spécialement du ressort de l'aménagement (1). Nous n'aborderons pas ici l'examen des procédés dont on se sert pour calculer l'accroissement futur des bois ; nous nous bornerons simplement à dire, dans le cours de ce chapitre, comment on procède à l'estimation du volume actuel des bois à comprendre dans le calcul de la possibilité des futaies, et comment on doit appliquer cette possibilité dans l'assiette et l'estimation des coupes annuelles à vendre sur pied.

Dans les taillis, la possibilité des coupes principales s'établit par contenance. Elle s'exprime en unités de surface et s'obtient en divisant l'étendue totale de la série par le nombre d'années de la révolution. Chacune des coupes à exploiter successivement a, par conséquent, la même étendue, et ses limites sont fixées à l'avance sur le terrain, mais les produits de chaque coupe ne sont pas assujettis à l'avance, comme dans les futaies, à un rendement déterminé. — Chaque année, les agents forestiers chefs de service, dressent un état des coupes à exploiter dans leur circonscription pour l'exercice suivant, quelquefois même pour deux exercices. Ce tableau indique la nature des exploitations à faire dans chaque coupe, la quotité en mètres cubes des produits à fournir par les coupes dont la possibilité est basée sur le volume, et l'étendue que l'on veut donner aux coupes qui s'exploitent par contenance. — Ce tableau auquel on donne le nom d'État d'assiette des coupes, est soumis à l'examen et à l'approbation de l'administration centrale, qui contrôle et quelquefois modifie les propositions qu'il renferme, et le renvoie ensuite aux Agents chargés de la direction des opérations forestières.

---

(1) Voir notre cours d'aménagement.

En termes de métier, on désigne ordinairement sous le nom d'opérations de martelage, celles qui ont pour objet la désignation des arbres à réserver ou à exploiter dans les coupes, et l'estimation en matière des bois à vendre sur pied. Dans les coupes de taillis, les arbres ou baliveaux de toutes catégories que l'on veut réserver, sont marqués à la racine ou au pied, du marteau de l'Etat ; savoir : les baliveaux de l'âge et les anciens d'une seule empreinte ; les modernes de deux empreintes sur deux blanchis ; cela s'appelle, marteler, marquer ou baliver en réserve. Ce n'est qu'après le balivage effectué que l'on peut procéder à l'estimation en matière des bois abandonnés à l'exploitation. — Dans les coupes de futaie, on balive tantôt en réserve comme dans les taillis, et tantôt en délivrance. — Le balivage en délivrance consiste à marquer sur deux blanchis, l'un au corps et l'autre à la racine, les arbres qui doivent être exploités. Lorsqu'on martèle en réserve, on procède en même temps à l'estimation des arbres abandonnés, afin de pouvoir arrêter le martelage et les limites de la coupe aussitôt que le volume des arbres désignés pour être abattus atteint le chiffre de la possibilité. Lorsqu'on balive en délivrance, on estime en même temps le volume de chaque arbre marqué, et on arrête les limites de la coupe par des corniers et des parois aussitôt que le volume total des arbres abandonnés atteint le chiffre de la possibilité.

Cela posé, nous allons examiner les principaux procédés qui sont employés dans la pratique des estimations. Ces procédés sont au nombre de quatre, savoir :

L'estimation par le comptage et le cubage individuel des arbres ;

L'estimation à vue d'œil par hectare ou par virée ;

L'estimation à vue d'œil et par pied d'arbre ;

L'estimation par places d'essai.

Art.e 2.

De l'estimation par le comptage et le cubage individuel des arbres.

1

Ce mode d'estimation consiste à cuber la tige de chaque arbre d'après des mesures prises avec des instruments de dendrométrie, et à estimer séparément le volume des branches, soit à vue d'œil, soit d'après les résultats d'expériences faites sur des arbres abattus.

Pour déterminer le volume de la tige, on prend le diamètre à la base de l'arbre avec un compas forestier ou la circonférence avec un ruban gradué, et on mesure sa hauteur avec un dendromètre. Avec ces dimensions, on calcule le volume de la tige comme si c'était un cône ou un cylindre de forme géométrique régulière. On obtient ensuite le volume réel de la tige en multipliant le volume conique ou cylindrique par un coefficient préalablement déterminé par des expériences faites sur des arbres abattus, de même forme et de mêmes dimensions. Mais on arrive plus directement au même résultat, en calculant par les mêmes expériences le volume type ou moyen de la tige des arbres de même forme et de mêmes dimensions, et en considérant le volume de la tige de l'arbre que l'on veut estimer comme étant égal au volume de la tige de l'arbre type, c'est-à-dire, au volume moyen de la tige des arbres d'expérience.

L'estimation du volume des branches se fait ensuite à vue d'œil ou à l'aide de facteurs d'expérience exprimant le rapport du volume des branches au volume de la tige des arbres classés par catégories, d'après leurs dimensions et suivant qu'ils sont plus ou moins branchus. Cela posé, nous allons dire :

1.° Quelles sont les précautions à prendre dans le mesurage des dimensions de la tige ;

2.° Comment on procède à la détermination des facteurs de conversion du volume géométrique au volume réel de la tige ; ou bien comment on détermine le volume type ou moyen de la tige de tous les arbres de même forme et de mêmes dimensions.

3.° Comment on obtient le rapport entre le volume des branches et le volume de la tige.

II.

Pour calculer le cercle de base de la tige d'un arbre considéré comme un cylindre ou comme un cône, on se sert de la circonférence ou du diamètre mesuré à hauteur d'appui, 1m. ou 1m. 33 du sol, ou pour mieux dire, à l'endroit où la tige commence à prendre sa forme régulière. La mesure de la circonférence est plus rigoureuse que celle du diamètre, mais elle est plus difficile à prendre exactement, et l'usage a généralement prévalu, surtout dans les comptages qui ont pour objet la détermination de la possibilité des futaies, de mesurer les diamètres avec le compas forestier.

Pour mesurer exactement la circonférence, on enroule le ruban gradué autour de l'arbre de manière à figurer une section parfaitement horizontale. A cet effet, on fixe avec une pointe l'extrémité ou le zéro du ruban, sur l'écorce, puis on le déroule et on l'applique horizontalement sur la tige en faisant le tour de l'arbre.

Le mesurage des diamètres avec le compas forestier est plus expéditif, mais pour faire un emploi convenable de cet instrument, il y a plusieurs précautions à prendre. D'abord il faut s'assurer de sa bonne confection, en ce qui concerne l'exacte graduation de la grande règle et le jeu régulier de la règle mobile. Il faut en outre dans le maniement de l'instrument, que la grande règle soit toujours appuyée contre le corps de l'arbre et perpendiculairement à son axe. L'instrument ainsi placé, on fait mouvoir la règle mobile de manière à serrer légèrement le corps de l'arbre entre les deux petites règles; on lit alors une première fois la mesure du diamètre sur la grande règle, puis une seconde et une troisième fois en présentant l'instrument sur toutes les faces de l'arbre, et on prend la moyenne entre ces différentes mesures pour la grosseur ou le diamètre de l'arbre à sa base; La grande règle étant divisée en centimètres, le mesurage des diamètres avec le compas forestier, peut se faire de centimètre

Chapitre neuvième.

De l'estimation en matière des bois sur pied.

Art. 1er. – Généralités.

L'estimation en matière de bois sur pied est une opération qui peut avoir pour objet :

Ou de calculer la possibilité d'une forêt, c'est-à-dire, de déterminer en bloc la quotité, en mètres cubes, des produits de toute espèce qu'elle peut fournir annuellement ; ou de déterminer le volume et la valeur en argent des produits de chaque espèce abandonnés à l'exploitation dans une coupe à vendre sur pied.

Une coupe est une étendue déterminée dans une forêt pour y abattre le bois en totalité, ou avec réserve d'un certain nombre d'arbres. Asseoir une coupe, ou faire l'assiette d'une coupe, c'est désigner son emplacement.

Dans les futaies, la possibilité des coupes principales s'établit par volume et s'exprime en mètres cubes. La possibilité des coupes d'amélioration se fonde sur la contenance et s'exprime en unités de surface. – La détermination de la possibilité par volume, consiste à évaluer pour un temps limité, ordinairement une période de la révolution, le volume actuel des bois à abattre en coupes principales, pendant la durée de cette période, et le volume dont ces bois s'accroîtront jusqu'au moment de leur exploitation. La somme du volume actuel et du volume futur divisée par le nombre d'années de la période, exprime la possibilité ou le nombre de mètres cubes à exploiter chaque année, en coupes principales, pendant la durée de cette période. La recherche de la possibilité principale des futaies comprend donc deux opérations distinctes, l'estimation du volume actuel, et le calcul du volume futur des bois à abattre dans un temps donné.

Lieux de provenance des bois.	Ports de livraison.	Désignation et espèce des bois à fournir.	Quantités à fournir (stères)	Prix de base du stère		Observations.
				spécial.	général	
		1ère espèce		210f. 70	200. 90	Art. 7 du cahier de charges.
		2e id	600	200. 90	186. 20	La colonne Prix spécial s'applique
Marne,	Brest	3e id		186. 20	171. 50	1°. aux bois droits des cinq premières
	et	4e id	400	171. 50	156. 80	espèces, moins les signaux de
Meuse.	Lorient.	5e id	300	151. 90	142. 10	déchéance (poutres et solives;)
		6e id	75	122. 50	122. 50	2°. aux pièces de tour;
		7e id	25	102. 90	102. 90	3°. aux genoux et aux guirlandes.
						La colonne prix général
		1ère espèce		190. 14	176. 22	s'applique à la généralité des signaux
		2e id	270	180. 86	162. 31	Art. 8 – Les quilles et
Cher,		3e id		166. 95	148. 40	étambots de première espèce
	Rochefort.	4e id	360	133. 04	134. 49	jouiront d'une prime de 15 p %
Indre.		5e id	300	129. 85	120. 57	sur le prix spécial de la dite espèce
		6e id	50	106. 66	106. 66	Il sera accordé sur les prix
		7e id	20	88. 11	88. 11	généraux stipulés pour les bois
						de chaque circonscription, une
		1re espèce		184. 27	165. 37	prime de 40 p % pour les courbes
		2e id	130	170. 10	146. 47	de première et deuxième espèces,
Maine-		3e id		155. 92	132. 30	et de 20 p % pour celle de 3e
-et-	Indret.	4e id	150	137. 02	118. 12	espèce.
Loire.		5e id	100	113. 40	103. 95	Art. 9. – Il ne sera pas
		6e id	50	89. 77	89. 77	reçu de genoux de revers —
		7e id	20	75. 60	75. 60	Les allonges de revers ne
						seront reçues que jusqu'à
		1re espèce		212f "	196. 10	concurrence d'un cinquantième
		2e id	1400	196. 10	180. 20	des bois courbants des espèces
Vosges,		3e id		180. 20	164. 30	correspondantes.
	Toulon.	4e id	800	159. "	148. 40	Il ne sera point reçu de poutres
Meurthe.		5e id	450	140. 45	135. 15	et solives, ni de planconss de
		6e id	100	113. 95	113. 95	7e ni de courbes de 5e espèce.
		7e id	"	92. 75	92. 75	

en centimètres, ou de deux en deux, ou de cinq en cinq centimètres, selon le degré d'approximation que l'on recherche. Mais lorsqu'on opère de cinq en cinq centimètres, il est bon pour éviter les erreurs de lecture, de faire correspondre les chiffres 5, 10, 15, 20, 25 &c. aux graduations 7½, 12½, 17½, 22½, 27½ centimètres de la grande règle. Cette précaution est surtout utile lorsqu'on opère sur une grande échelle, par exemple, dans les comptages de possibilité, et que l'on est obligé de confier l'opération à des ouvriers ou à des subordonnés peu intelligents ou peu soigneux. On prend d'ailleurs, contre ces ouvriers, toutes les mesures nécessaires pour assurer la fidélité et la bonne exécution de leurs opérations.

Dans les comptages qui ont pour objet la détermination de la possibilité des futaies, la hauteur des arbres ne se mesure pas individuellement pour chacun d'eux, mais par catégories d'arbres dont chacune renferme tous ceux qui ont sensiblement la même hauteur et dont les diamètres sont compris entre des limites déterminées. Et comme le rapport entre le diamètre et la hauteur des arbres varie avec les conditions de la végétation (fertilité du sol, consistance du peuplement, traitement), il s'ensuit que l'on devra faire des catégories séparées pour les parties ou les parcelles d'une même forêt qui présenteraient des différences sous ce rapport.

Les hauteurs moyennes applicables aux arbres de chaque catégorie, sont ordinairement déterminées par les agents forestiers eux-mêmes, parcequ'il faut de l'attention et du soin pour choisir convenablement les arbres d'expérience de chaque catégorie. Ces hauteurs s'obtiennent directement par le mesurage d'arbres abattus, ou à l'aide d'instruments qui donnent, sans calcul, la hauteur d'un arbre sur pied en fonction d'une longueur mesurée horizontalement sur le sol. Ces instruments appelés Dendromètres, sont très variés de forme et de construction. On en a imaginé de très ingénieux, mais qui ont l'inconvénient d'être trop compliqués ou peu portatifs. Les dendromètres les plus simples sont les meilleurs.

La planchette ordinaire ou dendromètre planchette est un rectangle aux deux extrémités duquel sont appliquées, sur l'épaisseur des petits côtés, deux petites réglettes en cuivre. (voir fig. 1)

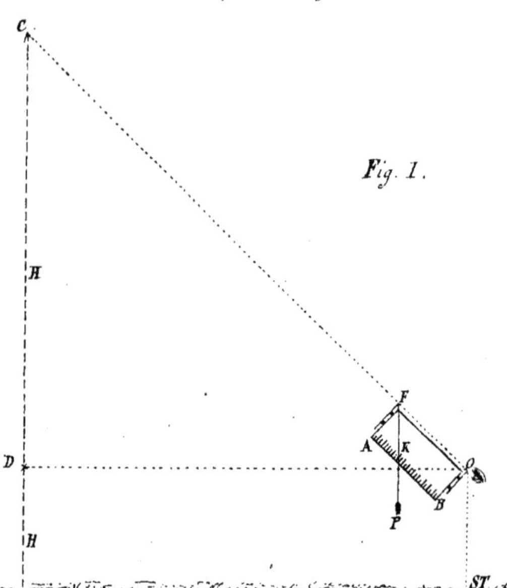

Fig. 1.

Ces réglettes débordent le côté supérieur du rectangle de façon à présenter une ligne de mire déterminée par un trou O formant oculaire à l'une des réglettes, et par une fenêtre que traverse un fil horizontal F formant objectif à l'autre. L'arête inférieure AB de la planchette est divisée en centimètres et en millimètres à partir du point A ; elle est parallèle à la ligne de mire OF et distante de cette ligne d'une longueur fixe égale à $0^m.10$. Le fil horizontal qui fait objectif porte un plomb P. L'instrument se tient à la main, à l'aide d'un anneau fixé au centre de la planchette, du coté opposé à la graduation A B.

Voici comment on fait usage de la planchette.

On se transporte à une distance horizontale de 10 mètres

de l'arbre que l'on veut mesurer; on place la ligne de mire OF dans la direction du rayon visuel aboutissant au point C dont on veut avoir la hauteur. Dans cette position le fil à plomb FP vient battre le côté inférieur de la planchette, et forme un triangle rectangle FAK semblable au triangle OCD formé dans l'espace par la longueur CD, l'horizontale OD et la ligne de visée OC. Le côté FA est l'homologue de OD et le côté AK l'homologue de CD. Mais OD = 10 mètres et FA = 0m. 10, c'est-à-dire que OD = FA × 100; donc CD = AK × 100. Ce qui revient à dire que le nombre de centimètres et de millimètres marqués par le fil à plomb de A en K exprimera en mètres et en décimètres la hauteur CD, à laquelle on ajoutera la hauteur DE que l'on mesurera directement pour avoir la hauteur cherchée CE.

La planchette est un instrument très commode et qui donne la hauteur des arbres avec l'approximation désirable. Mais elle exige que l'on stationne à 10 mètres, ou bien à 20 mètres en doublant la longueur AK interceptée par le fil à plomb, ou bien à une distance quelconque, auquel cas on n'obtient plus la hauteur directement, mais par un calcul de proportion.

On évite ces inconvénients en se servant du dendromètre à base variable de Mr. Regneault (fig. 2)

Cet instrument est formé de deux

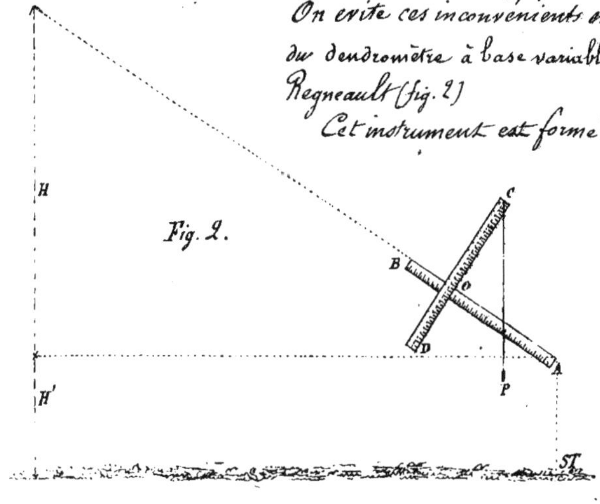

Fig. 2.

règles ajustées à angles droits et divisées toutes deux en centimètres et millimètres. L'une AB supporte les pinules, l'autre CD porte le fil à plomb; cette dernière glisse à volonté dans une rainure, en restant perpendiculaire à AB, ce qui permet de donner à OC une longueur exactement égale au centième de la distance du pied de l'arbre au point de station, et, parconséquent, de choisir à volonté ce point de station. On se sert du reste de ce dendromètre, comme on se sert de la planchette.

En prolongeant suffisamment la règle AO de O en B, ce dendromètre peut servir à mesurer sans déplacement la hauteur H', en lisant la graduation interceptée par le fil à plomb de O en B.

Pour opérer avec l'un ou l'autre de ces instruments, il faut être deux; l'un des opérateurs met l'instrument en station, l'autre lit les graduations.

Telle est la manière de procéder au mesurage des dimensions de la tige des arbres. Avec ces données, on peut classer les arbres par catégories, et obtenir le volume de la tige de tous ceux qui appartiennent à la même classe, en multipliant par leur nombre le volume de la tige de l'arbre type de cette catégorie. Ou bien on peut cuber la tige entière comme un cône de forme géométrique régulière et déterminer son volume réel en multipliant le volume conique par un facteur d'expérience.

Reste à savoir comment on détermine le volume type de la tige de tous les arbres placés dans la même catégorie, ou bien, comment on obtient le coefficient par lequel on doit multiplier le volume conique pour avoir le volume réel de la tige des arbres appartenant à la même catégorie. Soit que l'on emploie l'un ou l'autre des deux procédés au calcul du volume des tiges, les expériences à faire pour déterminer le volume de l'arbre type, ou pour calculer les facteurs de conversion du volume conique au volume réel, sont absolument les mêmes et exigent les mêmes précautions. Ce que nous allons dire sur la détermination des facteurs de conversion du volume conique au volume réel des tiges s'appliquera donc exactement aux soins à prendre dans les expériences qu'exige l'emploi de l'un ou de l'autre procédé.

III.

Pour obtenir le facteur de conversion du volume conique au volume réel de la tige des arbres, on choisit et on fait abattre un certain nombre d'arbres de même essence, de même forme et de mêmes dimensions que ceux auxquels ce coefficient devra s'appliquer. On cube la tige entière de ces arbres comme un cône, au moyen de son diamètre mesuré à 1m ou 1m 33 de la section d'abatage, et de sa hauteur totale. On obtient ainsi un cube qui est généralement plus petit que le volume réel de la tige. Pour avoir ce volume réel, on décompose la tige en billes d'un mètre de longueur à partir de la base, jusqu'à ce qu'on arrive à la partie supérieure de la tige qui, eu égard à sa forme, peut être considérée comme un cône. On cube chacun des billons comme un cylindre de un mètre de longueur et de grosseur égale au diamètre mesuré en son milieu. On cube séparément l'extrémité supérieure de la tige comme un cône régulier. On fait la somme des volumes de tous les cylindres et du cône terminal, et l'on obtient avec une très grande approximation le volume réel de la tige. Le volume réel divisé par le volume conique donne le facteur particulier par lequel il faut multiplier le volume conique pour avoir le volume réel de la tige. Cette expérience répétée sur un certain nombre d'arbres de formes et de dimensions à peu près semblables, fournira autant de coefficients dont la moyenne sera le facteur de conversion du volume conique au volume réel de tous les arbres de même hauteur et de même diamètre.

Pour pouvoir employer ces facteurs avec sécurité dans les estimations d'arbres sur pied, il faut disons nous, qu'ils aient été déterminés par un certain nombre d'expériences faites sur des arbres abattus, de mêmes dimensions que ceux auxquels ce facteur devra s'appliquer. On est ainsi conduit, dans la pratique des estimations à calculer des facteurs particuliers pour les arbres qui diffèrent entr'eux par leurs diamètres ou par leurs hauteurs. Ordinairement les catégories d'arbres auxquels s'appliquent le même facteur sont déterminées d'après les diamètres, soit par exemple de 5 en 5 ou de 10 en 10 centimètres. Mais comme deux arbres de même diamètre, n'ont pas toujours la même forme et que le degré de conicité ou de cylindricité des tiges varie avec les conditions dans lesquelles les arbres ont cru, il s'ensuit que les mêmes facteurs ne sont pas partout applicables aux arbres de même diamètre. C'est ainsi que dans les sapinières des Vosges, la recherche de ces facteurs a donné lieu aux observations suivantes;

1°. Un renflement prononcé à la patte des sapins est un signe caractéristique d'une végétation vigoureuse. — Les arbres ont une forme conique.

2°. La forme régulière cylindrique est en raison inverse de la rapidité de la végétation, et les facteurs de conversion du volume conique au volume réel, les plus forts correspondent aux terrains les plus maigres.

De ce qui précède, on doit conclure que si le même facteur peut quelquefois être appliqué à tous les arbres de même diamètre d'une forêt, plus souvent il est nécessaire de déterminer des séries de facteurs différents pour chacun des cantons dont les arbres croissent dans des conditions de végétation particulières. Dans les futaies aménagées, ces facteurs doivent être déterminés par cantons, quelquefois même par division, pour le calcul de la possibilité, et servent aussi aux Agents qui appliquent la possibilité dans l'estimation des coupes annuelles. Dans les forêts qui ne sont pas aménagées la détermination de ces facteurs sera toujours facile à faire, en opérant dans chaque canton sur un certain nombre d'arbres choisis parmi ceux qui sont abattus dans les coupes en exploitation. Ces facteurs sont généralement plus grands que l'unité et plus petit que 2, quels que soient le diamètre et la hauteur des arbres. Pour des arbres de même diamètre et de même hauteur, le facteur est proportionnel au degré de cylindricité des tiges, c'est-à-dire, que plus le facteur est fort, plus l'arbre se rapproche de la forme cylindrique. Pour des arbres de même diamètre et de hauteurs différentes, le facteur est d'autant plus fort en général que l'arbre est moins élevé sans que pour cela ce facteur exprime un degré de cylindricité plus grand.(1)

Le facteur correspondant à chaque classe de diamètre étant ainsi déterminé par une moyenne d'expériences assez nombreuses, sera le coefficient par lequel il faudra multiplier le volume conique de chaque arbre de la même classe pour obtenir son volume réel. Cette manière de cuber la tige des arbres conduit à des résultats d'autant plus exacts, qu'ils affectent des formes plus régulières, parceque les facteurs de conversion ont pu être déterminés avec plus de précision. Cependant, on conçoit que ce procédé puisse être appliqué avec succès à l'estimation de tous les arbres de futaie, même des réserves sur taillis si, au préalable, on a pris le soin de déterminer, avec toute l'exactitude possible, le facteur moyen pour chaque catégorie de diamètre. Or on remarque que ce qui produit surtout des différences entre les facteurs de deux arbres de même hauteur et de même diamètre, ayant cru d'ailleurs dans les mêmes conditions de végétation et de traitement, ce sont les différences de forme, les dépressions ou les renflements exagérés de la tige, à partir de la naissance des principales branches jusqu'à la cime. Ces déformations peu sensibles dans les bois résineux, du moins dans les sapins et les épicéas, donnent souvent lieu dans les bois feuillus et surtout dans le chêne, à des différences de volume assez considérables, soit entre les parties supérieures, soit entre les parties inférieures de la tige de deux arbres de

---

(1) Annales forestières. T. II. pag. 277.

même hauteur et de même diamètre. De là des volumes réels très différents pour un même volume conique, et un écart souvent assez fort entre les deux facteurs de ces arbres.

Pour éviter les difficultés qui peuvent résulter de ce que nous venons de dire dans la détermination exacte du facteur moyen applicable aux arbres de chaque classe, on a quelquefois proposé de limiter la hauteur de l'arbre au point d'insertion des principales branches ou de bifurcation de la tige. Alors, considérant la partie inférieure de la tige comme un cylindre, il semblait facile de déterminer, avec assez de précision, des facteurs moyens du volume cylindrique au volume réel du bois d'œuvre pour les arbres de toutes catégories. Mais cette manière d'opérer nécessite un mesurage très exact de la hauteur du bois d'œuvre, parceque des erreurs dans la mesure de cette hauteur peuvent influer beaucoup sur le résultat du cubage. Et comme la longueur de la partie de la tige propre à donner du bois d'œuvre varie souvent beaucoup, même dans les futaies, pour les arbres de même diamètre et de même hauteur totale, il en résulte des différences très grandes entre les volumes cylindriques et réels de cette partie de la tige, parcequ'en général, plus cette partie de la tige est courte, plus elle s'approche de la forme cylindrique. De là des écarts entre les facteurs tout aussi considérables que ceux qu'on voulait éviter.

En résumé, nous pensons

1° Que lorsqu'il s'agit d'employer ce mode d'estimation à la détermination de la possibilité d'une futaie, ce qu'il y a de mieux et de plus simple à faire, c'est, dans tous les cas, de considérer la tige entière comme un cône, et de calculer les facteurs de conversion du volume conique au volume réel par les moyens que nous avons indiqués. Seulement dans la recherche de ces facteurs, on devra multiplier les expériences d'autant plus que la tige des arbres affectera des formes plus différentes, et rapprocher, s'il est nécessaire, les limites des catégories d'arbres auxquels ces facteurs seront applicables.

2°. Que si on veut abréger les calculs en employant le procédé plus simple de la même méthode, qui consiste à calculer par des expériences le volume moyen applicable à la tige de tous les arbres de la même catégorie, il nous paraît superflu d'insister pour que l'on apporte, dans le choix des arbres d'expérience et la détermination du volume des arbres types, les mêmes soins et les mêmes précautions que dans la recherche des facteurs dont on se sert lorsqu'on fait usage de l'autre procédé.

Telle est, sans contredit, la manière la plus sûre de cuber avec une certaine approximation la tige d'un arbre sur pied. Nous ajouterons que cette méthode est la seule qui soit susceptible d'un contrôle sérieux et, à ce titre, nous pensons qu'elle est la seule applicable à la détermination de la possibilité dans les aménagements de futaie.

IV.

Le volume des branches peut s'estimer de deux manières, soit à vue d'œil à tant de stères ou de mètres cubes et de fagots par arbre, soit par des moyennes d'expériences faites sur des arbres abattus. Dans ce dernier cas, les coefficients du volume des branches se déterminent de la manière suivante.

Les arbres étant classés par catégories de diamètre et par essence, on distingue dans chaque catégorie ceux qui sont très branchus, moyennement branchus et peu branchus, et l'on établit ainsi, par rapport au développement des branches, trois classes dans chaque catégorie. On fait abattre un certain nombre d'arbres de chaque classe parmi ceux de même catégorie, ou bien on choisit ces arbres parmi ceux qui sont abattus dans les coupes en exploitation, et l'on fait débiter et façonner séparément toutes leurs branches en bois de corde et en fagots. On obtient ainsi le rendement moyen d'un arbre de chaque classe et de chaque catégorie en stères de chauffage et en fagots.

Mais on remarquera que, pendant que le volume du bois d'œuvre s'évalue en mètres et en décimètres cubes, nous nous sommes servi d'une autre unité de mesure dans l'estimation du volume des branches. Pour rapporter le volume entier de chaque arbre d'expérience à la même unité de mesure, on convertit en mètres et décimètres cubes le volume empilé en stère du bois de corde et le volume des fagots fournis par les branches, par les procédés que nous avons décrits, pages 110 et suiv. On connaîtra ainsi le volume réel moyen de tout le bois compris dans les branches d'un arbre de chaque classe et de chaque catégorie. L'on pourra de plus calculer le rapport du volume réel des branches au volume réel de la tige, ou le facteur par lequel on doit multiplier le volume réel de la tige pour avoir le volume réel des branches.[1]

Le facteur des branches par rapport au volume réel de la tige sert à calculer rapidement le volume entier des arbres de chaque classe, dans les estimations qui ont pour objet de déterminer ou d'appliquer la possibilité des futaies. Ces expériences sur des arbres abattus, servent encore à déterminer un autre facteur non moins utile à connaître, surtout dans l'estimation des coupes annuelles; c'est celui qui exprime la proportion à tant p % du bois d'œuvre compris, soit dans le volume réel de la tige, soit dans le volume réel de l'arbre tout entier. Ce facteur s'obtient par une simple proportion et de la manière qu'on va voir, dans un exemple où nous avons réuni tous les détails des expériences qu'exige l'emploi du mode d'estimation que nous venons de décrire.

---

(1) Au lieu de calculer séparément le volume de la tige et le volume des branches, on peut quelquefois (lorsque les arbres d'une même catégorie sont très réguliers de forme et semblablement branchus, dans une sapinière par exemple) déterminer le volume total, tige et branches, de l'arbre type, et réduire les calculs de cubage de tous les arbres de mêmes dimensions à une seule multiplication.

Calepin d'expériences.

Canton A — Chêne de 190 ans.

Tige.

Billes de 1m. de longr.

Diamètr.	Volume.	
0m.62	0m.c,302	Bois d'œuvre. 2m.c,894
0,58	0,264	
0,52	0,212	
0,53	0,221	
0,51	0,204	
0,51	0,204	
0,51	0,204	
0,49	0,189	
0,48	0,181	
0,46	0,166	
0,46	0,166	
0,46	0,166	
0,44	0,152	
0,42	0,138	
0,40	0,125	
0,35	0,096	0m.c,435
0,35	0,096	
0,26	0,053	
0,24	0,045	
0,23	0,041	
0,20	0,031	
0,16	0,020	
0,16	0,020	
0,13	0,013	
0,11	0,009	
0,09	0,006	
0,08	0,005	base du cône terminal

8m hauteur du cône terminal
Total — 3m.c,329.

Branches.

Billes de 1m. de longueur.

Diamr.	Nombre	Volume.
0m,06	28	0m.c,078
0,08	17	0,085
0,10	13	0,103
0,12	11	0,124
0,14	3	0,046
0,16	2	0,040
0,20	2	0,063
0,22	1	0,038
0,24	1	0,045
0,26	2	0,106
Total	80	0m.c728

Les branches ont donné 1st.500 et 18 fagots
Le volume du cent de fagots est de 1m.c200.
Le volume de 18 fagots = 0m.c,216
Le volume du bois de corde = 0m.c,728
Volume total des branches = 0m.c,944

Le facteur d'empilage du bois de corde provenant des branches est de :

$$\frac{1.500}{0,728} = 2,06$$

Le diamètre du bois d'œuvre va en décroissant de 0m.012 par mèt. de hauteur.

Diamètre de la tige à 1m.33 du sol 0m.58
hauteur totale de l'arbre 29m.00

Volume conique de la tige 2m.c,554
Volume réel de la tige 3m.c,329
Volume du bois d'œuvre 2m.c,894
Volume du bois de feu { branches 0m.c,944 / Tige .. 0, 435 } 1m.c,379
Volume total de l'arbre 4m.c,273

Facteur du volume conique au volme réel de la tige ... 1.30
Facteur des branches par rapport au volme réel de la tige .. 0,28
Proportion du bois d'œuvre compris dans le volme réel de la tige. 87 p %
id ——— id ——— dans le volme total de l'arbre .. 67 p %
Proportion du bois de feu (volume du houppier) compris dans le volme total de l'arbre .... 33 p %

Lorsqu'on fait de ces expériences, soit à propos de la détermination de la possibilité des futaies, soit en vue de l'estimation en matière des arbres à abattre dans les coupes annuelles, on s'enquiert naturellement de la destination et de l'emploi des produits de chaque forêt. Dès lors, on est conduit à rechercher par catégories d'arbres, le rendement du mètre cube brut de bois de travail en marchandises fabriquées, et le rapport du volume brut du bois de service au volume des mêmes pièces débitées selon les usages du commerce de la localité. Ces nouveaux coefficients sont très importants à connaître par les Agens chargés d'exécuter les aménagements et de procéder à l'estimation en matière et en argent des produits à vendre dans les coupes. Car on sait que dans la fabrication du merrain, par exemple, pour laquelle on emploie de préférence les pièces qui ont peu de longueur, les chutes, les fausses coupes, ou les bois qui, sains d'ailleurs, ont quelque défaut qui ne leur permettent pas de recevoir d'emploi plus avantageux, on sait, disons nous, qu'à volume égal, deux pièces de bois de même qualité, mais de dimensions différentes, fourniront des produits inégaux, et que le rendement de la plus forte en diamètre sera plus avantageux que celui de la plus faible. On sait aussi, qu'à volume égal, le rendement en sciages du chêne et du sapin varie avec la forme et les dimensions des pièces; que si, par exemple, un chêne tortueux ou de petite dimension ne peut fournir, avec beaucoup de déchet, qu'une petite quantité de planches, ou du sciage de médiocre qualité, souvent il est possible d'en tirer un parti plus avantageux en le débitant en bois de charronnage ou en traverses de chemin de fer &c. On sait encore que l'équarrissage et le débit des bois de construction entraînent un déchet plus ou moins considérable selon la destination des pièces; que, pendant que la marine ne reçoit que des bois équarris à vive arête ou à peu près, les bois de commerce ne s'équarrissent souvent qu'au

1/4 sans déduction ; qu'enfin, la destination et par suite la valeur en argent de ces bois, dépendent le plus souvent de leurs dimensions en diamètre et en longueur.

V.

En résumé le mode d'estimation que nous venons de décrire consiste :

1.° A mesurer le diamètre de chaque arbre à 1.m ou 1.m 33 du sol et la hauteur totale de la tige ;

2.° A classer ces arbres par catégories déterminées d'après les diamètres et les hauteurs ;

3.° A calculer à l'aide de tarifs de cubage, le volume de la tige considérée comme un cône de forme géométrique régulière, et à passer du volume conique au volume réel, à l'aide d'un facteur de conversion préalablement déterminé par des expériences faites sur des arbres abattus ;

Ou bien à calculer directement le volume réel de la tige de tous les arbres de chaque catégorie, à l'aide d'un facteur d'expérience exprimant le volume réel moyen de la tige de tous ceux qui appartiennent à la même catégorie.

4.° A estimer le volume des branches par classes d'arbres plus ou moins branchus à l'aide de données moyennes déterminées, soit à vue d'œil, soit par des expériences faites sur des arbres abattus.

Ce procédé est le seul qui soit sérieusement applicable à la détermination de la possibilité des futaies.

On s'en sert également pour déterminer le volume brut des arbres à abattre dans les coupes de futaie. Et comme alors il ne s'agit pas seulement d'appliquer la possibilité dont le chiffre est indiqué par l'état d'assiette, mais d'estimer la valeur en argent des produits qui seront abandonnés à l'exploitation, on est obligé de déterminer séparément, avec toute l'exactitude possible, le volume des bois qui pourront être débités soit en charpente, soit en sciage ou en merrain, soit en bois de chauffage de toutes qualités, rondin, quartier, charbonnette, fagots.

A cet effet, au fur et à mesure que les gardes estimateurs mesurent et appellent le diamètre à la base de chacun des arbres à abattre, et la classe à laquelle il appartient eu égard au développement de ses branches, ils mesurent et appellent en même temps la hauteur de la partie de la tige propre à donner du bois d'œuvre. La hauteur de cette partie de la tige se mesure quelquefois avec un dendromètre; mais comme cet instrument n'est pas toujours très commode à manier, surtout quand on opère en plein massif, on se sert plus habituellement d'une perche de 3 ou 4 mètres de longueur que l'on applique verticalement contre le corps de l'arbre, et l'on juge à vue d'œil de la hauteur du bois d'œuvre par comparaison avec la longueur de cette perche et de ses divisions en mètres. Avec ces données et les coefficients d'expérience qui ont dû être préalablement déterminés, on calcul avec toute l'exactitude désirable:

1°. Le volume brut des bois à abattre dans chaque coupe conformément aux prescriptions de l'état d'assiette;

2°. La proportion du bois d'œuvre compris dans le volume entier de la coupe.

Le premier de ces calculs s'exécute sur le terrain, parceque les agents qui opèrent doivent s'assurer, sur le terrain même, que le produit des arbres abandonnés atteint et ne dépasse pas le chiffre de la possibilité. Le second peut ne s'effectuer que plus tard et lorsque les agents auront à rédiger le procès-verbal d'estimation en argent des produits à vendre sur pied. Et comme le bois d'œuvre se décompose, dans une certaine proportion, en bois de service et de travail de qualité et de valeur variables, les agents prennent note sur le terrain de l'emploi et de la destination probable des produits, selon les dimensions des arbres et la qualité des bois, selon la situation de la coupe, la facilité ou les difficultés de la vidange, enfin et surtout selon la nature des marchandises qui, dans le moment, sont plus particulièrement recherchées par le commerce. Ils apprécient en même temps la proportion des produits divers en bois de feu, et ils prennent note de tous les frais qu'exigeront l'exploitation et le façonnage des bois, le débit ou la transformation en marchandises fabriquées de chaque espèce, et le transport au lieu de consommation. Munis de tous ces renseignements et des facteurs qui expriment le rendement du mètre cube en marchandises fabriquées, les Agents peuvent calculer, avec toute l'approximation voulue, la valeur en argent des bois à vendre sur pied dans chaque coupe.

L'estimation en matière des réserves abandonnées à l'exploitation dans une coupe de taillis composé peut se faire de la même manière. Mais comme les produits bruts de ces coupes ne sont pas assujettis à un rendement déterminé d'avance, on se borne ordinairement à estimer le volume du bois d'œuvre de chaque arbre considéré individuellement, d'après ses dimensions en diamètre et en hauteur, et à évaluer en stères de chauffage et en fagots, le volume entier du houppier. Pour évaluer le volume du bois d'œuvre, on considère en général cette partie de la tige comme un cylindre, dont la circonférence moyenne ou le diamètre moyen est égal à la circonférence ou au diamètre de la base diminué d'une certaine quantité. La loi de décroissement du diamètre ou de la circonférence se détermine par des expériences sur des arbres abattus et s'exprime à tant de centimètres ou de millimètres par mètre de hauteur. Assez généralement dans les taillis, on admet que la circonférence au milieu d'une pièce de bois d'œuvre, essence chêne, est égale aux 9/10es de la circonférence à 1m 33 du sol. Mais comme la forme de la tige des arbres varie souvent beaucoup, de forêt à forêt, ou même de canton à canton dans une même forêt, il est prudent de vérifier cette loi sur les arbres abattus dans les coupes en exploitation, avant de l'appliquer à l'estimation des arbres à abattre dans les coupes voisines. Quant à la hauteur, ordinairement peu considérable de cette partie de la tige, on la déterminera toujours facilement et avec une exactitude suffisante, par comparaison avec les divisions d'une perche de trois ou quatre mètres de longueur que l'on appliquera verticalement contre le corps de l'arbre. Le volume du houppier, qui n'est propre qu'à donner du chauffage, s'estime le plus souvent à vue d'œil, à cause des différences considérables que présente le développement de la tête des réserves dans les taillis et des difficultés qu'il y aurait à déterminer, d'une manière satisfaisante, le rapport existant entre le volume des branches et le volume de la tige des arbres de chaque catégorie.

Art.e 3.

Estimation à vue d'œil, par hectare ou par virée.

L'art d'estimer les bois sur pied à vue d'œil et en masse ne peut être enseigné, parcequ'il est impossible de donner à cet égard aucune règle théorique précise. Ce mode d'estimation ne s'emploie en général que pour déterminer le volume sur pied d'une masse de bois de faibles dimensions et qui, eu égard à la multiplicité des tiges, ne pourraient être soumis à un mode d'estimation plus rigoureux, sans entrainer une perte de temps considérable. Telles sont les coupes de taillis qui s'exploitent à de courtes révolutions, et dont tous les produits doivent être convertis en bois de chauffage. Dans ce cas, l'estimateur parcourt la coupe plusieurs fois et dans tous les sens, et après s'être bien rendu compte de la nature et de la consistance des peuplements, de l'étendue relative des vides et des massifs les plus complets par rapport au peuplement moyen, de la hauteur, de la grosseur des tiges et de la manière dont les bois sont plantés, il évalue approximativement le volume du bois à abattre et son rendement en stères de chauffage, de charbonnette et de fagots. Cette évaluation se fait le plus souvent par unité de surface, par hectare, pour deux raisons : D'abord, parcequ'autrefois les coupes de cette nature se vendaient à tant l'hectare dans les forêts de l'Etat et des communes, parcequ'aussi, ce mode de vente est encore en usage dans la plupart des taillis possédés par les particuliers, et que vendeurs et acheteurs ont dû s'habituer à estimer de cette manière; En second lieu, ces coupes s'exploitant par contenance, on a été conduit à rapporter à l'unité de surface le rendement des coupes exploitées et à se créer ainsi, pour chaque espèce de peuplement, des types de production qui devaient servir à estimer sur pied les autres coupes à exploiter les années suivantes.

C'est dans la possession de ces types et l'art de les appliquer à l'estimation de peuplements semblables que gît tout le talent de l'estimateur. C'est assez dire que ce mode d'estimation exige de celui qui l'emploie une grande rectitude de coup d'œil, du jugement, de l'esprit d'observation et de comparaison, et surtout une longue pratique des exploitations. Quant au moyen d'acquérir ce talent si précieux pour un forestier, il consiste simplement à beaucoup observer, à examiner de très près les peuplements des coupes à exploiter, à se les bien fixer dans la mémoire, à assister à l'abatage, à la découpe, au façonnage et au mesurage des bois, et à se rendre exactement compte des produits fournis par les peuplements dont on s'est fixé l'image dans la mémoire.

Dans les contrées où les produits des taillis peuvent recevoir différentes destinations, selon les essences qui entrent en mélange dans les peuplements et selon les dimensions des perches, l'estimation du bois sur pied se fait quelquefois à vue d'œil et par virée. Ainsi, un taillis dont les produits seront façonnés, partie en bois de feu, partie en bois d'industrie tels que échalas, perches à houblon, étançons de mine ou de houillière &c. ou qui se vend avec faculté d'écorcer quand il renferme du chêne, un semblable taillis s'estimera quelquefois à vue d'œil ou par hectare, si l'on a des termes de comparaison assez sûrs, mais plus souvent à vue d'œil et en détail et par virée. Dans l'un et l'autre cas, l'estimateur apprécie directement la quantité de marchandises de chaque espèce que le taillis doit fournir, par hectare, si l'estimation a lieu à vue d'œil et par hectare, par virée, si l'estimation a lieu à vue d'œil et par virée. Toutefois, lorsqu'on opère par virée dont on ne connait pas la contenance, il vaut mieux évaluer en détail et successivement la quantité de chaque espèce de marchandises que renferme la partie du peuplement que l'on veut estimer.

Ce mode par virée consiste à diviser la surface de la coupe en bandes étroites et parallèles que l'estimateur parcourt successivement en se tenant toujours à égale distance des lignes qui servent de limites à la bande dont il estime les produits. A cet effet, l'estimateur se sert ordinairement de deux aides, dont l'un suit une des lignes qui limitent la coupe pendant que l'autre trace parallèlement une autre ligne dans l'intérieur en cassant quelques menues branches ou en faisant de légers blanchis sur les arbres qui se trouvent sur son passage. Ces deux lignes déterminent la largeur de la bande dont l'estimateur apprécie les produits en se tenant toujours à égale distance des deux aides et marchant parallèlement à eux. Arrivés à l'extrémité de cette bande, le second aide suit en sens inverse la ligne qu'il vient d'ouvrir, tandis que le premier trace à son tour dans l'intérieur de la coupe une seconde bande de même largeur que la première. L'estimateur se place comme précédemment entre ses deux aides et parcourt la nouvelle bande en sens inverse de la première. En continuant ainsi, on estime successivement chacune des parties de la coupe à exploiter. Plus le bois est fourré plus les bandes doivent être étroites ; leur largeur varie en général entre 8 et 12 mètres ; mais pour aller plus vite, deux estimateurs peuvent marcher côte à côte dans le milieu de la virée et opérer l'un à droite et l'autre à gauche. Dans ce cas on peut donner une largeur plus grande à chaque bande.

Nous avons dit que l'art d'estimer les masses à vue d'œil, consiste dans l'application exacte des types de production que l'expérience a gravés dans la mémoire de l'estimateur. Or, il est deux faits qui influent beaucoup sur le rendement des taillis et dont nous voulons prévenir ceux qui n'ont pas encore une habitude suffisante des estimations ; c'est, en terme de métier, la manière dont les bois se soutiennent et la manière dont les bois sont plantés. Deux arbres de même hauteur et de même diamètre à la base, donnent souvent des produits très différents parceque la tige de l'un s'approche davantage de la forme cylindrique et se soutient bien, tandis que le diamètre de l'autre va en décroissant rapidement, que sa tige a la forme conique et se soutient mal. Or, il est d'expérience que le degré de cylindricité ou de conicité des tiges varie avec les essences et, pour une même essence, avec les circonstances dans lesquelles les bois végètent. C'est ainsi par exemple, que pour une coupe placée tout entière dans les mêmes conditions de fertilité, les bois de même essence affecteront tous sensiblement la même forme et pourront donner des produits bien différents de ceux d'une coupe peuplée en apparence de la même manière et dont les bois se soutiendraient d'une manière différente. — Par la manière dont les bois sont plantés dans les taillis, on exprime si le peuplement est surtout formé de cepées plus ou moins fortes, ou s'il y a mélange de cepées, de brins de semence et de drageons. Un taillis qui se compose surtout de fortes cepées est beaucoup plus productif qu'un taillis aussi complet en apparence, mais dont le peuplement est formé en grande partie de brins de semence ou de drageons. Comme conséquence de ce fait, les taillis d'aune, de chêne, de frêne, d'érable, de châtaignier, de charme, de tilleul dont les souches produisent beaucoup de rejets ou foisonnent beaucoup, comme on dit, sont généralement beaucoup plus productifs que les taillis d'essences qui poussent peu de rejets, et se reproduisent surtout par drageons ou par brins de semence, comme le tremble, le bouleau, et le hêtre. Outre les deux faits que nous venons de mentionner, il faut également remarquer que le sous-bois des taillis composés est toujours moins élevé, moins fourni, et que les perches sont plus faibles dans le voisinage des réserves que sur les points où elles ne font pas sentir l'influence de leur couvert.

Donc, en résumé, lorsqu'on veut faire l'estimation d'une coupe de taillis, soit par hectare, soit par virée, il importe tout d'abord de se rendre compte de la proportion du mélange des essences, de la hauteur et de la grosseur des tiges, de la manière dont les bois se soutiennent, et de la manière dont les bois sont plantés. Ce n'est qu'après cet aperçu général que l'on peut rapporter et comparer le peuplement à estimer aux différents types de production des taillis simples, ou du sous-bois dans les taillis composés.

Art.e 4.

Estimation à vue d'œil et par pied d'arbre.

Le mode d'estimation à vue d'œil et par pied d'arbre s'applique ordinairement aux arbres de réserve abandonnés à l'exploitation dans les coupes de taillis composés, aux arbres à exploiter en coupes principales dans les futaies régulières, et aux arbres à exploiter en jardinant dans les futaies irrégulières. Son emploi consiste généralement à estimer séparément la quantité de bois d'œuvre comprise dans le volume de la tige, et la quantité de bois de feu que l'on pourra tirer du houppier, c'est-à-dire, de la partie supérieure de l'arbre, tige et branches. Le volume du bois d'œuvre s'apprécie ordinairement en solives ou décistères, et le rendement du houppier en stères de chauffage et en fagots; c'est, du moins, la manière de faire des marchands qui estiment les arbres sur pied, dans l'intention de les acheter. C'est aussi la manière de procéder des Agents forestiers, quand ils font l'estimation en matière des arbres de futaie abandonnés à l'exploitation dans les coupes de taillis composés. Mais en même temps les Agents doivent fournir à l'administration, à titre de renseignement et de contrôle, la mesure de la circonférence à 1.m du sol de chaque arbre abandonné, et la hauteur moyenne de ces arbres par classe de grosseur.

Pour les coupes principales de futaie, nous avons dit qu'elles s'exploitent par volume. On entend par là que chacune de ces coupes doit comprendre des produits qui, d'une année à l'autre, peuvent varier de nature et de qualité, mais dont le total en mètres cubes doit être exactement égal au chiffre de la possibilité. L'état d'assiette fait connaître la possibilité de chaque coupe. Quant à l'étendue de la coupe annuelle, on comprend qu'elle peut varier beaucoup parcequ'elle est subordonnée, comme on sait, à la bonne exécution d'opérations de culture très différentes, et aussi parceque, à surfaces égales, tous les massifs à exploiter de la même manière peuvent ne pas présenter les mêmes ressources. Par conséquent, ses limites ne peuvent être arrêtées sur le terrain qu'après que les Agents forestiers ont désigné et estimé les arbres à abattre jusqu'à concurrence du chiffre de la possibilité. Les agents forestiers qui font le martelage et l'estimation des arbres à abattre dans les coupes de futaie devant porter et limiter la production de chaque coupe au chiffre de la possibilité exprimée en stères ou en mètres cubes, estiment souvent en stères le volume entier de chaque arbre abandonné, comme s'il devait être converti tout entier en bois de feu. Puis, quand ils font le relevé de l'opération ou bien quand ils veulent calculer la valeur en argent de la coupe, ils déterminent la proportion en bois d'œuvre et en bois de feu de toutes qualités du matériel estimé, d'après quelques notes prises sur le terrain. Telle est, sauf quelques nuances, la manière la plus générale d'appliquer le mode d'estimation à vue d'œil et par pied d'arbre. Ajoutons que les Agents forestiers doivent, comme pour les arbres abandonnés dans les coupes de taillis sous futaie, mesurer et inscrire sur leur calepin la circonférence, à 1m. du sol, des arbres qui doivent être abattus, et la hauteur moyenne de ces arbres par classe de grosseur.

L'art d'estimer à vue d'œil et par pied d'arbre ne peut pas plus s'enseigner que le précédent, mais il est plus facile à acquérir. aussi rencontre-t-on dans toutes les localités forestières, bon nombre d'estimateurs habiles en ce genre. Ces hommes exercés par une longue pratique des exploitations jugent du volume d'un arbre, en le comparant par la pensée à d'autres arbres de même essence, de mêmes dimensions et de même forme dont ils connaissent le rendement, parcequ'ils les ont vu exploiter et débiter. Quelle que soit l'habileté du forestier qui s'en sert, ce mode d'estimation, on le conçoit, ne peut jamais conduire à des résultats bien certains. Souvent les erreurs sont peu importantes, mais quelquefois aussi elles sont considérables; de là des inconvénients qui ont plus ou moins de gravité selon les circonstances dans lesquelles on opère. Au point de vue de la vente des produits, une estimation erronée du matériel à exploiter, conduit à une évaluation en argent trop faible ou trop forte des produits à vendre sur pied, ce qui est toujours fâcheux. Au point de vue forestier, cette erreur n'a pas d'importance, si la coupe s'exploite par contenance, parcequ'elle ne porte aucune atteinte à l'économie générale des exploitations. Mais dans les coupes principales de futaie qui s'exploitent par volume, ce mode d'estimation présente des dangers et des inconvénients extrêmement sérieux, en ce sens que l'on pourrait être amené à anticiper beaucoup sur l'avenir, ce qui forcerait plus tard à suspendre les exploitations, ou au moins à réduire considérablement la possibilité des produits précédemment exploités. L'inconvénient que nous signalons ici n'est ignoré de personne; beaucoup d'Agents forestiers l'ont vu se réaliser dans le traitement des futaies, et cependant on continue encore de nos jours à marcher dans les mêmes errements, à courir les mêmes risques, à préparer les mêmes déboires dans l'avenir. Quoiqu'on leur dise, les Agents forestiers qui persistent à faire emploi de ce mode d'estimation, vous répondent invariablement qu'ils sont sûrs de leurs estimations, que leurs gardes sont très habiles, qu'ils estiment avec une précision mathématique, et que d'ailleurs ils surveillent leurs opérations.

Et d'abord, tout le monde sait que tant que les Agents seront obligés de tenir eux-mêmes le calepin des opérations, ils ne pourront que très imparfaitement surveiller les estimations, de même qu'ils ne peuvent que très imparfaitement surveiller les martelages. D'ailleurs, pour pouvoir surveiller et rectifier les estimations faites par les gardes; il faudrait que les Agents fussent eux-mêmes plus habiles que leurs subordonnés; Or, cela n'est pas et ne peut pas être. Quant à l'habileté réelle de certains estimateurs en ce genre, nous ne la contestons pas. Nous reconnaissons même que dans chaque localité forestière, il y a beaucoup d'hommes, gardes ou bûcherons, capables d'estimer très exactement le volume d'un arbre sur pied, et même de décomposer ce volume, d'après les dimensions et la forme de l'arbre, dans les différentes sortes de marchandises que l'on en pourra tirer. Mais sans même faire sortir ces praticiens habiles de leur localité, il suffit souvent de les employer dans une forêt voisine de celle où ils ont l'habitude d'opérer, pour voir leur expérience leur faire défaut. Il y a plus, c'est que l'état de l'atmosphère exerce souvent une influence sensible sur les résultats de ce mode d'estimation; c'est qu'enfin la vue se fatigue vite, quand elle est soumise à ce genre de travail, et ne pourrait soutenir longtemps une tension aussi grande sans donner des résultats entachés d'erreur. — Concluons donc que l'emploi de ce mode d'estimation devrait être proscrit des futaies et remplacé par un procédé plus sûr en même temps que plus susceptible du contrôle.

Mais, de ce que nous condamnons l'emploi de ce mode dans l'estimation des coupes de futaie, est-ce à dire que nous regardons comme superflu pour un forestier de savoir estimer à vue d'œil, avec une certaine approximation, le volume d'un arbre sur pied et son rendement en marchandises fabriquées ? Loin de là. Nous considérons, au contraire, que tout forestier, pour devenir un praticien habile et consommé, doit s'efforcer de devenir bon estimateur, que non seulement il doit apprendre à estimer les arbres individuellement, mais qu'il doit encore s'appliquer à estimer approximativement, par hectare, des massifs entiers de bois de tous âges et de toute consistance. Pour arriver à ce résultat, il faut se former le coup d'œil en observant beaucoup, en suivant de près les exploitations, en faisant abattre, façonner et débiter sous ses yeux, des arbres que l'on a vus sur pied, que l'on a examinés sous tous les aspects, et dont on s'est fixé les formes et les dimensions dans la mémoire. Ou bien, il faut suivre assez longtemps et très attentivement les opérations d'un estimateur habile ; et se créer des types, se vérifier ou se rectifier le coup d'œil par des expériences sur les arbres abattus ou à abattre dans les coupes en exploitation. Le premier pas à faire dans cette étude et le plus important, c'est de s'exercer à estimer juste le diamètre et la hauteur d'un arbre quelconque, et on y arrive assez vite en s'aidant, dès le début, du compas forestier et du dendromètre. Ces premières données acquises, on se perfectionne d'autant plus vite que l'on fait plus d'applications, et que l'on se donne la peine de se vérifier par le procédé plus sûr que nous avons exposé dans l'article second. Disons seulement pour finir, que lorsqu'on veut estimer à vue d'œil un arbre sur pied, il faut commencer par l'approcher de tout près, pour se rendre bien compte de son diamètre à hauteur d'homme et de la manière dont le diamètre de la tige se soutient ; qu'ensuite, il faut l'examiner de plus loin et sous tous ses aspects, de manière à bien voir tout le développement des branches et de la cime. Après ce premier examen, on estime séparément la partie de la tige propre à donner du bois d'œuvre et le restant de l'arbre en stères de chauffage et en fagots.

Art.e 5.

De l'estimation en matière des bois, par places d'essai.

Le mode d'estimation par places d'essai consiste à estimer à vue d'œil, ou plus généralement à cuber aussi exactement que possible, par les procédés de la dendrométrie, le matériel existant sur une surface déterminée, et à appliquer les résultats de cette estimation aux massifs situés dans les mêmes conditions de peuplement. L'emploi de ce mode exige évidemment que la place d'essai dont le matériel servira de type dans le calcul, soit déterminée de façon qu'elle soit bien l'expression moyenne du peuplement entier. Que si les coupes ou le massif à estimer présentent des nuances variées dans la consistance du peuplement, la forme et les dimensions des arbres, on doit établir autant de places d'essai différentes dont le matériel moyen calculé pour un hectare servira à déterminer le volume entier du massif. Dans ce cas, il faudra en outre donner à chaque place d'essai, une contenance proportionnelle à l'étendue de la masse correspondante du massif à estimer.

Ce qui frappe d'abord dans l'emploi de ce mode d'estimation, c'est qu'il ne peut être appliqué qu'à des masses considérables et d'un peuplement uniforme. Car, pour estimer une coupe de petite étendue, il serait aussi expéditif de l'estimer tout entière en détail, surtout si l'on considère que pour opérer avec chance de succès, il faut toujours donner une certaine étendue aux places d'essai et en établir un certain nombre afin d'avoir des résultats moyens suffisamment exacts. Si ensuite on réfléchit au mode d'exécution de l'opération, il se présente au début une difficulté grave; c'est l'établissement même des places d'essai. Il arrive en effet que, quelque soin que l'on apporte dans le choix des places d'essai, on n'est jamais certain de prendre bien exactement ses types, et, par suite, on est contraint de douter soi-même des résultats qu'ils donneront. Or une erreur commise soit dans le choix du peuplement type, soit dans le résultat de son estimation, peut devenir très grave, lorsqu'on applique ce résultat à l'estimation d'une masse considérable. Aussi ce procédé n'est-il nullement employé dans l'estimation des coupes de futaie, et si parfois on s'en sert dans les taillis, ce n'est que lorsque la coupe à estimer est très régulièrement peuplée et que l'on manque des données nécessaires pour l'estimer à vue d'œil par comparaison avec d'autres coupes précédemment exploitées.

Art.e 6.
Conclusion.

En résumé, voici dans quelles circonstances on applique les différents procédés que nous venons de décrire;

1.° Le mode d'estimation par comptage et cubage immédiat des arbres, doit être appliqué exclusivement à la détermination de la possibilité des futaies;

2.° Les coupes de taillis simple et le sous-bois des coupes de taillis composé s'estiment le plus ordinairement à vue d'œil et par hectare. Néanmoins, dans les contrées où le produit des taillis peut recevoir différentes destinations et se débiter, partie en bois de feu, partie en bois d'industrie, l'estimation des coupes se fait quelquefois en détail et par virée. Ces deux manières d'estimer ne peuvent évidemment être employées que par des hommes qui ont une habitude suffisante des estimations et des exploitations. Ceux qui n'ont pas l'expérience nécessaire pour estimer ces sortes de coupes à vue d'œil, ont recours à la méthode des places d'essai.

3.° Les arbres à abattre dans les coupes de futaie ou les réserves abandonnées à l'exploitation dans les coupes de taillis sous futaie s'estiment individuellement par pied d'arbre, soit à vue d'œil, soit par le mode de comptage et de cubage sur pied à l'aide d'instruments de dendrométrie. Dans l'application de l'un ou de l'autre mode, on estime d'abord le volume entier de chaque arbre, puis séparément, la partie de la tige propre à donner du bois d'œuvre, et le restant, c'est-à-dire, le houppier en bois de corde et en fagots.

De ces deux modes d'estimation des arbres de futaie, le premier ne peut être employé que par des hommes très exercés et très habiles, encore ne donne-t-il jamais des résultats bien certains surtout lorsqu'on l'applique sur une grande échelle. Le second est d'un emploi toujours plus simple, plus facile et plus sûr; il est susceptible de contrôle et peut être abordé par les hommes les moins versés dans la pratique forestière, mais il exige l'emploi de coefficients préalablement déterminés par des expériences nombreuses et faites avec soin.

Pour effectuer les calculs de cubage de la partie de la tige propre à donner du bois d'œuvre, nous avons déjà dit que l'on assimilait cette partie de l'arbre à un cylindre de même hauteur et de circonférence égale à la circonférence du milieu de la pièce. Cette pratique se fonde sur l'usage établi dans le commerce de cuber les bois en grume abattus, comme des cylindres de même longueur et de circonférence égale ou à la circonférence du milieu ou à une moyenne proportionnelle entre les circonférences mesurées au petit bout et au gros bout. Or, il est constant que la différence entre les circonférences au gros bout et au milieu d'une pièce de bois d'œuvre est comprise entre 0 et 30 ou 35 p% au plus de la circonférence au gros bout; autrement dit, que si la circonférence au gros bout est égale à C, la circonférence du milieu est égale à C, si la pièce est cylindrique, ou approximativement égale à 95 × C, 0.90 × C, 0.85 × C, 0.80 × C, 0.75 × C, 0.70 × C, 0.65 × C selon que la pièce s'approchera ou s'éloignera davantage de la forme cylindrique.

En se fondant sur cette donnée d'expérience, on pourrait donc construire un tarif qui, pour une circonférence de base et une hauteur quelconques, donnerait les volumes cylindriques correspondant à la même hauteur et à la même base diminuée de 0.05, 0.10, 0.15, 0.20, 0.25, 0.30, 0.35. Pour appliquer ce tarif à l'estimation d'arbres sur pied, il suffirait de mesurer la circonférence de base et la hauteur de la partie de la tige propre au bois d'œuvre; puis de déterminer, par quelque expériences sur des arbres abattus, le rapport moyen de la circonférence du milieu à la circonférence de base, et par suite, la colonne du tarif dans laquelle on devra trouver le volume de la pièce à cuber. Ce tarif pourrait être établi de la manière suivante.

Diamètre ou circonférence à 1m.30 du sol.		Volume cylindrique	Volumes cylindriques pour un mètre de hauteur et pour une circonférence égale à la circonférence de base diminuée de						
Diam.	Circonf.		0.05	0,10	0.15	0,20	0,25	0.30	0.35.
m	m	m.c	m.c	m.c	m.c	m.c	m.c	m.c	m.c
0.10	0,31	0,0078	0,0071	0,0064	0,0057	0,0050	0,0044	0,0038	0,0033
0.15	0,47	0,0178	0,0158	0,0143	0,0128	0,0113	0,0098	0,0086	0,0074
0,20	0,63	0,0314	0,0283	0,0254	0,0227	0,0201	0,0177	0,0154	0,0133
0,25	0,78	0.0491	0,0444	0,0398	0,0353	0,0314	0,0276	0,0240	0,0206
0,30	0,94	0,0707	0,0638	0,0572	0,0511	0,0452	0,0398	0,0346	0,0299
0,35	1,10	0,0962	0,0866	0,0779	0,0693	0,0616	0,0540	0,0467	0,0402
0,40	1,26	0,1257	0,1134	0,1018	0,0908	0,0804	0,0707	0,0616	0,0531
0,45	1,41	0,1590	0,1405	0,1257	0,1176	0,1041	0,0919	0,0800	0,0693
0,50	1,57	0,1963	0,1772	0,1590	0,1419	0,1257	0,1104	0,0962	0,0829
0,55	1,73	0,2376	0,2140	0,1924	0,1718	0,1520	0,1399	0,1225	0,1060
0,60	1,88	0,2827	0,2552	0,2290	0,2043	0,1809	0,1590	0,1385	0,1194
0,65	2,04	0,3318	0,2994	0,2688	0,2393	0,2124	0,1866	0,1626	0,1399
0,70	2,20	0,3848	0,3423	0,3117	0,2780	0,2463	0,2165	0,1886	0,1626
0,75	2,36	0,4419	0,3981	0,3578	0,3191	0,2827	0,2480	0,2166	0,1866
0,80	2,51	0,5026	0,4536	0,4071	0,3632	0,3217	0,2827	0,2463	0,2124
0,85	2,67	0,5674	0,5121	0,4546	0,4099	0,3632	0,3191	0,2688	0,2311
0,90	2,83	0,6362	0,5742	0,5153	0,4596	0,4071	0,3578	0,3117	0,2688
0,95	2,98	0,7088	0,6397	0,5742	0,5121	0,4536	0,3986	0,3473	0,2995
1,00	3,14	0,7854	0,7088	0,6362	0,5674	0,5026	0,4418	0,3848	0,3318
1,05	3,30	0,8659	0,7812	0,7019	0,6253	0,5542	0,4870	0,4243	0,3658
1,10	3,45	0,9503	0,8577	0,7698	0,6866	0,6082	0,5346	0,4657	0,4015
1,15	3,61	1,0387	0,9374	0,8413	0,7504	0,6648	0,5842	0,5089	0,4388
1,20	3,76	1,1310	1,0207	0,9161	0,8171	0,7238	0,6362	0,5542	0,4778
1,25	3,93	1,2272	1,1074	0,9940	0,8866	0,7854	0,6903	0,6013	0,5057
1,30	4,08	1,3273	1,1979	1,0751	0,9590	0,8495	0,7466	0,6504	0,5608
1,35	4,24	1,4314	1,2918	1,1594	1,0341	0,9161	0,8051	0,7014	0,6047
1,40	4,40	1,5394	1,3893	1,2469	1,1122	0,9852	0,8659	0,7543	0,6504
1,45	4,55	1,6513	1,4902	1,3375	1,1930	1,0568	0,9281	0,8091	0,6976
1,50	4,71	1,7671	1,5948	1,4314	1,2768	1,1310	0,9940	0,8659	0,7466

Observations.

On peut objecter qu'en assimilant un tronc d'arbre à un cylindre de même longueur et de circonférence égale à la circonférence du milieu ou à la demi somme des circonférences extrêmes, au lieu de l'assimiler à un tronc de cône, on commet une erreur en moins. — Si l'on cherche l'expression de cette erreur, en faisant la différence entre les volumes troncôniques et les volumes cylindriques, on trouve que l'erreur va en s'aggravant à mesure que les arbres s'éloignent de la forme cylindrique pour se rapprocher de la forme conique. Elle est successivement de 0.001, 0.0042, 0.0104, 0.0207, 0.0371, 0.0611 pour les volumes portés dans les 2e, 3e, 4e, 5e, 6e, 7e, et 8e colonnes de ce tarif. De sorte que, pour passer de ce tarif à un tarif plus exact au point de vue géométrique, il faudrait multiplier tous les nombres de la 2e colonne par 0.001, ceux de la 3e colonne par 0.0042 et ainsi de suite des autres. Or, y a-t-il un intérêt sérieux, dans une estimation d'arbres sur pied, à substituer les chiffres que l'on obtiendrait ainsi, à ceux du présent tarif? Nous ne le pensons pas, et il nous paraît superflu de démontrer qu'il y aurait autant de chances d'erreur à se servir d'un tarif, que de l'autre.

Chapitre dixième.

Du cubage du bois d'œuvre sur pied par les formules d'équarrissage.

Nous venons d'exposer, dans le chapitre précédent, les différentes manières d'estimer sur pied le volume brut des bois d'œuvre, le volume brut et fabriqué des bois de feu. Ces procédés sont ceux dont les Agents forestiers se servent généralement dans l'estimation des coupes à vendre sur pied. Mais, dans beaucoup de localités, tous les marchands de bois et même aussi quelques Agents forestiers procèdent autrement. Ainsi, dans les sapinières, il est d'usage assez général parmi les marchands, d'estimer chaque arbre individuellement, d'après ses dimensions, en marchandises fabriquées. Par exemple, un sapin de telle ou telle dimension est estimé comme pouvant donner une charpente de telle ou telle catégorie, soit un chevron, une panne simple, une panne double ou une poutre; Tel autre qui est propre au sciage est estimé comme devant donner un nombre déterminé de planches réduites ou marchandes. Cette manière d'estimer une coupe de sapins suffit souvent au marchand pour déterminer le prix qu'il peut en offrir, parcequ'en beaucoup de circonstances, les remanants d'exploitation et le bois de feu provenant soit de la cime des arbres vifs, soit de la tige de quelques arbres morts, n'ont pour lui qu'une valeur insignifiante. Mais les Agents forestiers doivent procéder plus rigoureusement, non pas surtout en vue de déterminer plus exactement le prix de la coupe, mais parcequ'ils doivent estimer exactement le volume réel des bois à abattre qui ne doit jamais dépasser le chiffre de la possibilité.

Dans les coupes de bois feuillus, notamment dans les coupes de chêne, les marchands estiment souvent en solives les bois d'œuvre sur pied, par l'application immédiate des formules d'équarrissage. A cet effet, ils considèrent la partie de la tige propre à donner du bois d'œuvre, comme un cylindre de même hauteur et dont la circonférence serait celle prise au milieu de la longueur. La circonférence au milieu de cette partie de la tige se déduit, comme nous l'avons dit précédemment, de celle que l'on mesure à 1.m ou 1.m 33 du sol en diminuant celle-ci de 2 ou 4 centimètres par mètre de hauteur, ou d'une quantité fixe, telle que 1/10.e selon la loi qui régit le décroissement de la grosseur des tiges dans la même forêt. Avec ces dimensions, l'estimateur calcule, à l'aide d'un tarif, le volume de chaque pièce, comme si elle était équarrie au 1/4 sans déduction, au 1/5.e ou au 1/6.e déduit.

Lorsqu'il s'agit d'estimer des bois de charpente, généralement les marchands emploient de préférence le procédé de cubage au 1/4 sans déduction, parceque le volume des pièces équarries suivant les usages du commerce s'accorde à peu près avec les résultats du cubage au quart qui donne 78, 5 p% du volume en grume. Les marchands n'emploient guère les deux autres méthodes, parcequ'elles donnent des résultats (50, 3 p%, 54, 5 p% du volume en grume) qui ne sont pas en rapport avec le volume équarri des bois de commerce. Cependant, on s'en sert encore dans quelques cas particuliers. Par exemple, dans une localité où il est d'usage de vendre les bois abattus pour leur volume au 1/6.e déduit, il est tout naturel que le marchand estime de la même manière les bois qu'il se propose d'acheter sur pied. De même un fournisseur de marine qui doit livrer ses bois équarris à vive arête ou à peu près, emploiera de préférence la formule au 1/5.e ou au 1/6.e déduit dans l'estimation des bois sur pied, parceque les résultats de ces deux modes de cubage s'approchent davantage du volume des bois équarris à vive arête. Au surplus, le déchet dû à l'équarrissage à vive arête varie avec les forêts; il dépend surtout de la quantité d'aubier que renferment les bois, et c'est à prendre en considération non seulement dans le cubage des bois qui doivent être débités en charpente, mais encore dans l'estimation du volume des bois de travail et notamment dans le cubage des chênes destinés à faire du merrain.

Ce mode d'estimation des bois d'œuvre ne donne pas le volume réel, mais seulement le volume du bois supposé façonné et équarri à la manière des bois de charpente. On voit de plus que le volume estimé diffère plus ou moins du volume en grume, selon la formule d'équarrissage employée, et que ces différences de volume qui expriment le déchet dû à l'équarrissage des bois de charpente ne représentent pas le déchet qui proviendrait des autres emplois que l'on peut faire du bois. Par conséquent, ce mode d'estimation qui peut convenir à un marchand qui se propose surtout de faire de la charpente, ne peut être adopté d'une manière générale dans une même localité, qu'autant que la valeur du bois d'œuvre, quelle que soit sa destination, se règle d'après le prix du mètre cube de bois de charpente équarri. C'est ce qui a lieu dans quelques contrées, et c'est ce qui a fait adopter l'usage de prendre pour unité de mesure, dans la vente des bois d'œuvre en grume, le volume au 1/4 sans déduction, au 1/5e ou au 1/6e déduit. Pour ce qui est de la vente des bois abattus, on conçoit qu'il est indifférent d'adopter telle ou telle unité de mesure du volume, pourvu que le prix de l'unité soit en rapport avec le volume qu'elle représente, et que vendeurs et acheteurs soient d'accord sur ce point. Mais dans les contrats officiels, on ne peut adopter sans inconvénient ces usages qui varient avec les localités; c'est pourquoi l'État vend, sans garantie de mesure, les bois debout ou abattus dans ses forêts, et, en général, n'achète et ne reçoit que pour leur volume réel, les bois dont il a besoin dans ses chantiers.

De ces considérations il résulte que les Agents forestiers peuvent, dans certains cas, appliquer les formules d'équarrissage à l'estimation des bois d'œuvre sur pied. Mais ils ne peuvent employer ce mode d'estimation que comme moyen de se rendre compte des opérations des marchands et de déterminer la valeur en argent des bois d'œuvre, conformément aux usages de la localité. L'emploi de ce procédé ne les dispense pas d'estimer le volume entier et brut des bois d'œuvre, d'abord parceque l'administration tient à connaître la production réelle de chaque coupe; en second lieu parceque dans les coupes de futaie dont la possibilité est basée sur le volume, les Agens doivent pouvoir justifier que dans le martelage de chaque coupe, ils sont restés dans les limites de cette possibilité.

Chapitre onzième.

De l'estimation en argent de la valeur des bois à vendre sur pied.

Le balivage et l'estimation des coupes à vendre sur pied dans les forêts de l'État, des communes et des établissements publics, sont confiés aux agents chargés de l'administration de ces forêts. L'article 78 de l'ordonnance rendue pour l'exécution du code forestier dit qu'il sera procédé à chaque opération de balivage et de martelage par deux Agents au moins. L'article 81 de la même ordonnance ajoute que l'estimation des coupes sera faite par un procès-verbal séparé. Enfin, les instructions de l'administration portent que les estimations des coupes marquées seront faites en commun par les Agents qui ont procédé au martelage et ne doivent être connues que d'eux seuls.

La circulaire du 9 mai 1840 traçait la marche à suivre dans l'estimation des coupes annuelles, mais une autre circulaire du 26 mai 1848, donne aux Agents toute latitude sur le choix du mode d'estimation en matière, et les dispense de consigner dans les procès-verbaux les détails de leurs opérations. Les Agents sont donc libres d'adopter tel mode d'estimation qui leur convient, mais, pour que leurs opérations puissent être contrôlées au besoin, l'administration exige que les détails en soient consignés dans des calepins spéciaux que les Agents doivent conserver avec soin, pour pouvoir les présenter à tout fonctionnaire chargé de vérifier leur service. Ces calepins renferment l'indication de tous les détails à fournir sur le mode d'exécution et sur les résultats des opérations de balivage et d'estimation de chaque coupe.(1)

En ce qui concerne l'estimation en matière des produits, ces

(1) Très souvent on procède en même temps au balivage des arbres de réserve et à l'estimation des bois abandonnés. Cette pratique qui peut être justifiée dans quelques cas particuliers, par le peu de temps que les agents peuvent donner à ces opérations, est préjudiciable à la fois à la bonne exécution du martelage et de l'estimation.

indications diffèrent naturellement avec la nature de la coupe et doivent faire connaître :

1.° Le nombre d'arbres de futaie abandonnés à l'exploitation, avec la mesure, pour chacun d'eux, de la hauteur et de la circonférence prise à 1.m du sol ;

2.° Le nombre de mètres cubes de bois de service et de bois d'industrie de chaque qualité ;

3.° Le nombre de stères de bois de chauffage de diverses qualités ;

4.° Le nombre de stères de bois à charbon ;

5.° Le nombre de bottes d'écorce ;

6.° Le nombre de fagots et de bourrées.

Le calepin d'estimation doit renfermer en outre le détail des frais qu'entraînera l'exploitation de chaque coupe, savoir :

1.° Facteur, serment et marteau ;

2.° Abatage des arbres de futaie ;

3.° Elagage des arbres ;

4.° Chauffage du garde **X**.... (façon et transport)

5.° Bois de chauffage (façon)

6.° Bois à charbon (façon)

7.° Ecorces ...... (id)

8.° Fagots ...... (id)

On complète ces renseignements, par la consignation sur le calepin d'observations particulières sur le débit des bois, sur l'emploi et la destination probables des produits, et sur le mode de vente dans la localité, sur les difficultés plus ou moins grandes que présente la vidange des produits de chaque coupe et sur les voies et moyens que le propriétaire met à la disposition de l'adjudicataire pour faciliter la sortie, le transport et le débit des bois.

Ces documents suffisent pour établir la valeur brute de chaque unité de marchandise dont la vente a lieu ordinairement sur le parterre de la coupe. Mais lorsque les produits se vendent exclusivement sur un marché, un port ou un lieu de dépôt déterminé, et n'ont cours qu'après y avoir été transportés, il est nécessaire de tenir compte des frais de transport et de les ajouter aux frais d'abatage et de façon.

C'est avec ces données prises en forêt, que l'on rédige le procès-verbal d'estimation en argent de la valeur des produits à vendre sur pied dans chaque coupe. Des imprimés spéciaux sont fournis aux Agents pour la rédaction de ces actes. Ils se divisent en deux parties.

La première est relative à l'estimation en matière des produits et comprend :

1°. Le nombre d'arbres de futaie abandonnés à l'exploitation,

2°. Le classement ou la décomposition du volume total en bois de service, d'industrie, de chauffage et de charbon ;

3°. Le nombre de fagots, de bourrées et de bottes d'écorce.

La seconde partie a rapport à l'estimation en argent des produits matériels divisés en bois de service, d'industrie, de chauffage &c. de différentes qualités. L'application du prix de vente à la quantité de chaque espèce et qualité de produits, donne au total la valeur brute de la coupe. On obtient ensuite sa valeur réelle sur pied en déduisant de l'estimation brute :

1°. Le bénéfice de l'adjudicataire à raison de p% de l'estimation brute ;

2°. Les frais d'exploitation (abatage et façon) calculés d'après les notes consignées dans le calepin d'estimation ;

3°. la délivrance aux usagers (valeur du bois)

4°. Le chauffage du garde X... (transport et valeur du bois)

5°. Le droit fixe du certificateur de caution qui est de 2.f 20

Reste . . . .

Déduisant encore 15 p % de ce reste pour les droits d'enregistrement et le décime, 3 p % pour les travaux et 1/2 p % pour frais d'adjudication, en tout 18 1/2 p %, . . . le reste exprime la valeur nette de la coupe.

Chapitre douzième.

Des différentes opérations à faire dans les coupes, selon le mode d'adjudication et d'exploitation des produits.

Art. 1er.

De la vente des bois sur pied et des opérations préparatoires qu'elle exige.

On a vu dans le chapitre précédent que les ventes de bois sur pied, dans les forêts soumises au régime forestier, doivent être précédées d'opérations préparatoires qui exigent la coopération de deux agents forestiers. Ce sont, pour chaque coupe, le martelage des arbres réservés, ou des arbres abandonnés à l'exploitation, et l'estimation en matière et en argent de tous les bois à exploiter.

Nous avons décrit les procédés en usage dans la pratique des estimations ; nous avons apprécié le mérite de ces procédés et nous avons indiqué les circonstances dans lesquelles chacun d'eux trouvait son application ; enfin nous avons fait connaître la nature des données à recueillir pour arriver à une appréciation exacte de la valeur des produits, et nous avons énuméré tous les détails à comprendre dans la rédaction du procès-verbal d'estimation de chaque coupe. Quant à l'opération du balivage et du martelage, elle consiste, avons-nous dit, à choisir et à marquer les arbres à réserver ou à abattre dans les exploitations. Le choix et la marque des arbres à réserver ou des arbres à abandonner se font en même temps ; c'est pourquoi l'on a refondu ordinairement les deux opérations en une seule, et l'on comprend sous l'une ou l'autre dénomination, le balivage qui consiste à faire choix des arbres à réserver ou à exploiter, et le martelage qui consiste à imprimer une marque, ordinairement celle du marteau de l'État, sur les arbres choisis et désignés par le balivage.

De toutes les opérations de détail qui sont commandées par

la culture et l'exploitation des bois, il n'en est pas qui soit plus importante que celle du balivage ; il n'en est pas qui exige plus de soin, de précaution, de réflexion et de savoir faire de la part d'un Agent forestier ; car, soit que l'on opère dans les futaies ou dans les taillis sous futaie, soit que l'on fasse une coupe de regénération ou d'amélioration, le succès de l'opération ou le résultat qu'on en attend dépend souvent tout entier et exclusivement de la manière dont le balivage est effectué. Aussi, ne peut-on qu'approuver les dispositions de la loi qui veut « qu'il soit procédé à chaque opération de balivage par deux Agents au moins » surtout si l'on se place au point de vue spécial du sylviculteur, et si l'on veut voir dans cette prescription un moyen de garantir la bonne exécution des opérations de culture en même temps que d'assurer le comptage exact des arbres réservés ou des arbres abandonnés.

Les procès-verbaux de balivage et de martelage servent à la rédaction de l'affiche des ventes. Ils servent aussi à établir le nombre d'arbres réservés, ou le nombre de souches exploitées que l'adjudicataire doit représenter au recolement de sa coupe. Les procès-verbaux d'estimation servent à déterminer les prix auxquels peuvent être adjugées les coupes qu'ils concernent.

Le mode d'exploitation, le mode de vidange des produits et le mode de paiement du prix principal de la coupe et des frais d'adjudication sont déterminés par le cahier des charges générales relatives à la vente des coupes annuelles et par un cahier de clauses spéciales applicables aux exploitations de chaque arrondissement forestier.

Art.e 2.

De la vente des bois façonnés par économie ou par entreprise et du mode d'exploitation de ces produits.

Les opérations dont nous venons de parler s'appliquent plus particulièrement aux coupes dont les produits doivent être vendus sur pied et ensuite abattus, façonnés et utilisés au gré de l'adjudicataire ou de l'acheteur. Mais dans le traitement des forêts, il est des exploitations qui ne peuvent être bien faites, au point de vue de la culture, qu'autant que l'on procède graduellement à la désignation des arbres à abattre, et au fur et à mesure que l'on a constaté l'effet produit sur la consistance du peuplement par la chute des premiers arbres abattus. Telles sont, en général, les coupes d'amélioration que l'on désigne sous le nom d'éclaircies et de nettoiements. – Tous les arbres à abattre dans ces coupes ne pouvant être désignés avant l'exploitation, sans compromettre le succès ou la bonne exécution de l'opération, ne peuvent par-conséquent, être estimés et vendus sur pied comme les bois à exploiter dans une coupe de taillis ou dans une coupe principale de futaie. D'où la nécessité d'adopter un autre mode d'exploitation et de vente de ces coupes. Celui qui fut le plus généralement appliqué depuis une trentaine d'années, consiste à faire exploiter les bois sous la direction des Agents forestiers, soit par des ouvriers payés à la tâche ou à la journée, soit par un entrepreneur responsable qui se charge d'exécuter l'abatage et le façonnage à des prix arrêtés par adjudication publique au rabais. Après le façonnage, les produits sont dénombrés par le chef du cantonnement et ensuite vendus, par adjudication publique, en détail et par lots, soit sur le parterre des coupes, soit dans l'une des communes les plus voisines.

De ces deux modes d'exploitation, le dernier, c'est-à-dire, le mode par entreprise est beaucoup plus usité que le premier (mode par économie) et s'applique non seulement aux coupes d'amélioration, mais quelquefois aussi aux coupes principales des forêts de l'Etat qui restent invendues, et aux coupes de toute espèce dans certaines forêts communales et d'Etablissements publics.

Les avantages de ce mode d'exploitation sont les suivants :

Dans les coupes d'amélioration, éclaircies et nettoiements, la désignation des arbres à abattre n'a lieu qu'au fur et à mesure de l'exploitation, ce qui permet de mieux espacer les tiges réservées et de mieux distinguer celles qu'il est utile ou nécessaire d'abattre ou de conserver. — A cet effet, l'Agent qui dirige l'exploitation fait une première désignation, par un simple griffage, des arbres qui doivent nécessairement tomber, puis, après l'abatage de ces arbres, il revient une seconde et une troisième fois sur le même point, pour désigner ceux des arbres restants à comprendre dans l'exploitation. Dans une coupe d'éclaircie, par exemple, le premier griffage atteindra tous les bois morts ou dépérissants, le second portera sur les brins dominés ou sur le point de l'être, et le troisième désignera les tiges bienvenantes mais surabondantes qu'il importe de faire disparaître pour desserrer convenablement le massif. De même, dans une coupe de nettoiement, le premier griffage portera sur les bois dominants qui nuisent le plus par leur couvert et qui sont tout à fait inutiles au soutien des bois durs; le second atteindra les sujets qui ne sont pas encore nuisibles par leur couvert, mais qui le deviendront bientôt, et qui ne sont pas d'ailleurs nécessaires pour maintenir le massif à l'état complet; le troisième portera sur les arbres qui nuisent par leur couvert, mais dont la présence est plus ou moins nécessaire pour conserver le massif complet, ou pour servir d'appui aux tiges de bois dur; les arbres atteints par ce dernier griffage seront désignés les uns pour être abattus ou ébranchés, les autres pour être étêtés.(1)

Dans les coupes principales de futaie ou de taillis sous futaie, ce mode d'exploitation permettrait également de mieux choisir, mieux distribuer et mieux espacer les arbres à réserver, mais, d'ordinaire, celles de ces coupes qui s'exploitent par entreprise sont balivées et martelées à l'avance, comme les coupes à vendre sur pied, parconséquent, le seul avantage que l'on puisse trouver à exploiter ces coupes de cette façon ne peut résider que dans la vente en détail des produits façonnés.

Dans les localités où ce mode d'exploitation est installé depuis plusieurs années, dans certaines forêts communales notamment qui fournissent à peine la quantité de bois nécessaire aux besoins des habitants, la vente

---

(1) Il est bien entendu que chaque opération d'éclaircie ou de nettoiement ne nécessite pas toujours absolument le même nombre de griffage.

en détail des produits façonnés, des bois de feu surtout, produit habituellement de bons résultats et fait profiter le propriétaire de tout le bénéfice qu'il faut abandonner à l'adjudicataire dans les ventes de bois sur pied : Mais, pour les forêts qui, comme celles de l'État, sont susceptibles de fournir annuellement des produits variés et considérables, ce mode d'exploitation et de vente, tel qu'on l'a appliqué jusqu'à présent, c'est-à-dire, partiellement et seulement dans les coupes d'amélioration, peut présenter des inconvénients dont les principaux sont :

1.° D'exiger, pour les frais d'abatage et de façonnage, une dépense considérable et hors de proportion avec les ressources mises à la disposition de l'administration pour cet objet. — D'où résulte souvent la nécessité d'ajourner l'exécution de certaines coupes dont l'exploitation est urgente, ou bien de les marteler et de les vendre sur pied, ce qui peut avoir des inconvénients plus ou moins graves selon la nature de l'opération et l'état des peuplements.

2.° De ne permettre de débiter les bois qu'en un petit nombre d'espèces de marchandises d'un usage général, sans avoir égard aux besoins particuliers et quelquefois individuels qui peuvent se présenter. — Ce qui peut avoir pour effet de ne pas tirer tout le parti utile et commercial des produits.

3.° D'avilir le prix des bois, quand la marchandise est abondante. — Les consommateurs spéculant sur la vente forcée de produits qui ne peuvent rester longtemps sur le parterre des coupes sans se détériorer.

4.° D'établir entre l'administration et le commerce de bois une concurrence fâcheuse, à la suite de laquelle les produits de toute nature éprouvent toujours une dépréciation plus ou moins considérable.

Art.e 3.

De la vente des bois sur pied à tant l'unité de produits façonnés.

Pour éviter les inconvénients que présentent le mode d'exploi-

-tation et de façonnage par entreprise et la vente en détail des produits façonnés, des Agents forestiers ont proposé et l'administration a autorisé un nouveau mode d'exploitation et de vente des coupes d'amélioration qui consiste à vendre les bois sur pied, soit au rabais, soit à l'enchère, à des prix déterminés pour chaque unité des différentes sortes de marchandises dans lesquelles les bois à exploiter pourront être débités.

Voici le mécanisme de ce mode d'adjudication.

L'unité de la marchandise qui a le cours le plus régulier dans la localité, (le stère de hêtre, chauffage par exemple) étant prise pour type, on compare à sa valeur moyenne, la valeur moyenne de toutes les espèces de marchandises qu'on suppose pouvoir être confectionnées avec les bois dont l'exploitation doit avoir lieu. Le résultat de ces diverses comparaisons donne une série de facteurs dont chacun multiplié par la valeur de l'unité type, exprime la valeur correspondante de l'unité qu'il représente. Le tableau de ces facteurs (ils peuvent varier pour chaque coupe), est annexé aux affiches annonçant la vente, et l'adjudication se fait au rabais ou à l'enchère, pour chaque coupe, sur la mise à prix de l'unité prise pour type. En réalité et par suite du mécanisme des facteurs, la mise à prix et l'adjudication portent sur tous les produits de la coupe à la fois, car le prix auquel l'adjudication est tranchée pour l'un d'eux, est un des éléments servant à la détermination de la valeur de vente de chacun des autres.

Comme dans les coupes par entreprise, l'exploitation est précédée d'un ou de plusieurs griffages, mais elle se divise en deux opérations distinctes l'abatage et le façonnage.

Pour assurer la bonne exécution de l'opération et pour éviter des inconvénients ou des abus dont la nature n'a pas besoin d'être expliquée, l'abatage se fait, sous la direction des Agents forestiers, par des ouvriers choisis par eux et payés par l'administration. Cette opération donne lieu à une dépense peu considérable. — Le façon-nage du bois ne commence qu'après que l'abatage est entièrement terminé. Il a lieu aux frais de l'adjudicataire qui a toute latitude pour transformer les produits en l'espèce de marchandise qu'il désire, pourvu qu'elle soit comprise dans l'état des facteurs et que ses dimensions soient strictement conformes à celles indiquées dans le cahier des charges. Ces restrictions sont indispensables soit pour arriver à la fixation du prix de la coupe, soit pour conserver aux facteurs une valeur qu'ils n'ont obtenue que par une comparaison dans laquelle les dimensions entraient comme un des principaux éléments. En outre, dans un but d'utilité publique facile à comprendre, les portions d'arbres propres à donner du bois d'œuvre, et qui sont préalablement désignées par l'Agent forestier, doivent rester en grume, au moins jusqu'après le dénombrement des produits, quand bien même il serait plus avantageux pour l'adjudicataire de les débiter en bois de feu.

Le façonnage terminé, il est procédé à un dénombrement contradictoire qui fixe la quantité de chaque espèce de marchandise. Le Procès-verbal de cette opération contient en outre l'application à ces quantités du prix résultant de l'adjudication. Le total forme alors ce qu'on appelle le prix principal de l'adjudication, lequel sert à l'évaluation des frais proportionnels prévus par le cahier des charges.

Ce nouveau mode d'exploitation et de vente des coupes d'amélioration participe de tous les avantages du précédent, puisque la même latitude est laissée aux Agents en ce qui concerne la désignation des arbres à abattre. De plus le nouveau système évite les défauts reprochés au mode par entreprise; car, il procure une grande économie dans les dépenses spéciales de l'administration, il permet de proportionner le débit des diverses natures de marchandise aux besoins de la consommation, il rend la vente facultative de forcée qu'elle était et supprime la concurrence par laquelle le prix des bois pouvait être avili.

Toutefois, comme toute méthode nouvelle, celle-ci présente dans son application certaines difficultés que la pratique seule fera successivement disparaître, au moins pour la plupart.

Ainsi l'administration fait abattre tous les bois avant de délivrer le permis de façonner, à l'adjudicataire; d'où il résulte : 1° Que le parterre de la coupe peut être embarrassé au point de rendre difficile l'abatage en plusieurs fois; 2° Que le façonnage est retardé, ce qui peut être une cause de dépréciation pour certains produits qui demandent à être façonnés et vidés dans un court délai; 3° Qu'en abattant les bois pêle-mêle, les tiges peuvent se briser en tombant les unes sur les autres. — Le façonnage des produits exige une surveillance de tous les instants, et le dénombrement qui est en même temps une vérification générale du façonnage est une opération très longue, très minutieuse et qui demande beaucoup de soin et d'habitude.

Ces difficultés, on le sent, sont de celles qui s'applaniront avec le temps; Mais il en est une qui subsistera toujours, parceque elle est inhérente au système, c'est celle qui résulte de l'établissement de la série des facteurs exprimant la relation entre les valeurs de chaque espèce de marchandise et la valeur de l'unité prise pour type. La détermination de ces facteurs est une opération extrêmement délicate, sinon pour les bois de feu, au moins pour les bois d'œuvre dont la valeur dépend non seulement des dimensions variables des pièces mais de la qualité tout aussi variable du bois. On peut bien faire des catégories qui comprennent exactement les pièces de dimensions diverses, mais il est impossible de classer d'avance les différentes qualités du bois. Si donc on veut éviter des appréciations arbitraires et des contestations lors du dénombrement, ce qu'il y a de mieux à faire, c'est d'établir les facteurs des bois d'œuvre indépendamment de la qualité du bois.

Appendice.

De l'estimation de la valeur des forêts en fonds et superficie.

De l'estimation de la valeur des forêts en fonds et superficie.

Art. 1er Principes

1.

Les circonstances où un forestier peut être requis d'estimer la valeur d'une forêt en fonds et superficie, sont ordinairement celles-ci :

Cantonnement de droits d'usage ;

Aliénation de bois avec ou sans faculté de défricher ;

Echange ou partage de propriété.

Dans tous les cas, il y a lieu d'établir d'abord les conditions dans lesquelles la forêt à estimer se trouve placée par rapport à l'une des trois hypothèses suivantes.

Première hypothèse. – La culture du sol en nature de bois doit être conservée, et la forêt devra être constamment traitée d'après les principes de l'économie forestière.

Deuxième hypothèse. La culture du sol doit être conservée ; mais la forêt peut être traitée à volonté.

Troisième hypothèse. – Le sol peut être utilisé selon la volonté du propriétaire, soit qu'il continue à y élever du bois, soit qu'il veuille le cultiver comme terre arable, comme pré &a.

On conçoit à priori que, selon que la forêt à estimer se trouve placée dans l'une ou l'autre de ces trois hypothèses, autrement dit, selon qu'il existe ou non des entraves plus ou moins grandes à la libre exploitation de la propriété, on conçoit disons nous, que sa valeur capitale puisse en être plus ou moins affectée. En effet nous savons déjà que c'est en grande partie du mode de traitement et de la durée de la révolution que dépend la production d'une forêt et par suite le revenu en argent qu'on en tire. Que si une forêt exploitée à une longue révolution fournit le revenu absolu le plus fort que l'on peut en tirer, ce revenu peut être très faible par rapport au capital employé à le produire. Nous savons aussi qu'il est des sols forestiers qui seraient susceptibles de fournir un produit en argent plus considérable, s'ils étaient convertis en terres arables, en prés &c.a En tout cas, la valeur réelle d'une propriété dépend absolument du revenu qu'elle produit ou qu'elle peut produire. Or le produit d'une forêt ne peut être considéré que sous deux points de vue : soit comme un revenu uniforme et constant, annuel ou périodique, soit comme un revenu variable.

II.

Si le produit est uniforme, annuel et continu, la valeur de la propriété se déterminera par une simple capitalisation du revenu net, c'est-à-dire du produit en argent diminué des frais annuels de garde, d'impôt &c.a

Si le revenu est uniforme et périodique, comme serait le produit d'un bois périodiquement exploitable tous les 25 ans, il y a à distinguer le cas, où le premier revenu ne devrait être perçu qu'au bout de la période de 25 ans, et celui où le premier revenu devrait être touché plutôt. Si le premier revenu ne doit être touché que dans 25 ans révolus, ce qui suppose que le sol est nu s'il s'agit d'une futaie, ou que le bois vient d'être exploité s'il s'agit d'un taillis, la question se réduira à calculer la valeur du fonds. Or la valeur d'un fonds de bois est égale au capital qui placé à perpétuité, serait susceptible de fournir aux époques fixées par le terme d'exploitabilité, une somme d'intérêts équivalente au revenu net de ce bois. D'où il suit que connaissant ce revenu net, il suffit de le capitaliser comme une rente périodique pour avoir la valeur réelle de la propriété. Ici le revenu net s'obtient en retranchant du produit de la coupe exploitable, les frais accumulés avec intérêts que le propriétaire est obligé de faire dans l'intervalle de deux exploitations. Mais si le premier revenu peut être perçu plus tôt, au bout de 10 ans par exemple, ce qui revient à dire que le bois est actuellement âgé de 15 ans, on estimera comme précédemment la valeur du fonds, on lui ajoutera la valeur nette de la superficie à 25 ans, et la somme représentera ce que vaudra la propriété dans 10 ans. Pour avoir sa valeur actuelle, il suffira d'escompter cette somme pour 10 ans.

Mais si on suppose le revenu variable, il peut se présenter une infinité de circonstances dont il faudra tenir compte dans le calcul. Ainsi le produit pourra être continu ou discontinu, égal ou inégal, susceptible d'augmentation ou de diminution &c. Dans ces circonstances, on doit considérer la superficie d'une part, le sol d'autre part, et calculer séparément leur valeur d'après les données de la question.

Pour ce qui concerne l'estimation de la superficie nous remarquerons que dans une forêt quelconque, les bois sur pied peuvent toujours se partager en deux groupes distincts, savoir.

1°. Les bois qui ont atteint ou dépassé le terme de leur exploitabilité commerciale. — 2°. Ceux qui ne sont point encore parvenus à cette exploitabilité, et n'ont par conséquent, qu'une valeur d'avenir.(1)

La première chose à faire sera donc de fixer le terme de cette exploitabilité qui variera selon les localités, selon l'essence, selon la croissance des bois et la destination des produits(2). Cet âge étant fixé, l'estimation du matériel sur pied devient facile.

En effet, pour les bois qui ont atteint ou dépassé le terme de cette exploitabilité, nous n'avons plus qu'à en déterminer le volume, et à appliquer aux différentes parties des arbres, (troncs, rameaux et branches) les prix marchands, déduction faite des frais d'abatage, de façonnage, de transport &c. En même temps nous avons à apprécier si la valeur de ces bois peut être réalisée en une seule année, ou bien si, en raison de leur quantité, l'acquéreur aura besoin d'un certain laps de temps pour consommer son opération; auquel cas, il y aura lieu de tenir compte d'une part, de la perte d'intérêts qu'il éprouvera avant de rentrer intégralement dans son capital, et d'autre part, de l'accroissement que les bois prendront jusqu'au moment de leur abatage.

Pour les bois n'ayant point encore atteint l'âge d'exploitabilité, la question se réduit à rechercher quel sera, à cet âge, leur produit matériel et la valeur vénale de ce produit, puis à calculer par une simple opération d'escompte ce que vaut aujourd'hui cette

(1) Annales forestières. T. V. p. 269. — (2) Voir notre cours d'aménagement.

somme. (Ann. forest. T. V. p. 269.)

Dans l'estimation que nous venons de faire de la superficie, on remarquera que nous avons déjà supputé la valeur du fonds pour tout le temps qui s'écoulera depuis le moment actuel jusqu'à l'époque assignée pour l'exploitation des peuplements existants, car on a compris dans cette estimation non seulement le matériel actuellement sur pied, mais encore le volume dont les bois s'accroîtront jusqu'au moment de leur exploitation. Il résulte de là que le capital du fonds ne pourra être considéré comme productif d'un revenu, qu'à partir du moment où les peuplements actuels seront abattus et remplacés par une nouvelle génération.

Cela posé, si nous considérons d'abord la partie qui renferme les bois exploitables, la valeur du fonds sera ce que vaut aujourd'hui le revenu que donnera périodiquement cette partie de la forêt lorsque ces peuplements régénérés reviendront en tour d'exploitation. Ce revenu se composera :

1.° Du produit des coupes principales qui seront périodiquement exploitées à l'âge fixé par le terme de la nouvelle exploitabilité.

2.° Du produit des coupes d'amélioration qui, si on les considère séparément, reviendront aussi périodiquement en tour d'exploitation, mais à des époques différentes des coupes principales.

Quant à la partie qui renferme les bois jeunes, la valeur du fonds se déterminera comme nous l'avons fait dans le cas où le revenu est uniforme et périodique, en calculant ce que vaut actuellement le revenu que donnera cette partie de la forêt après l'entière exploitation du bois qu'elle renferme. Ce revenu sera annuel ou périodique, continu ou discontinu, selon les combinaisons particulières de l'aménagement, et se composera des produits des coupes principales et des coupes d'amélioration.

Ces différentes sommes réunies feront connaître la valeur brute de la forêt. Pour avoir la valeur réelle, il nous reste à déduire de la valeur brute le capital de la dépense.

Dans le calcul de la dépense, on comprend les contributions, frais de garde, d'entretien, d'amélioration &c. et s'il y a lieu la valeur des servitudes ou droits d'usage de toute espèce qui grèvent la forêt.

Toutes ces dépenses seront capitalisées suivant leur espèce, et la différence entre le capital des recettes et le capital des dépenses exprimera la valeur nette, réelle et actuelle de la forêt.

IV.

D'après ce qui précède on voit que toutes les opérations relatives à l'estimation des forêts en fonds et superficie, se réduisent en dernière analyse à des calculs d'escompte et de capitalisation. Il nous reste à dire si ces calculs doivent se faire aux intérêts simples ou aux intérêts composés, et quel est le taux dont on doit se servir.

L'escompte par les intérêts composés, d'une somme payable après un certain temps, donne, pour la valeur actuelle de cette somme, un résultat moindre que celui que l'on obtiendrait par l'emploi de la formule des intérêts simples. Cette différence peu importante pour une opération à court terme, commence à devenir très sensible lorsque l'échéance atteint une durée de 10 à 12 ans.

Remarquons par analogie, qu'il est bien peu de spéculations humaines qui embrassent une période plus longue, en se basant d'avance sur des conditions sûres, invariables, et indépendantes de tous les évènements. Or qu'est-ce qu'une opération d'escompte, sinon une spéculation?

Ici la spéculation consiste à acheter pour une somme que l'on débourse immédiatement, une valeur qui n'est payable qu'après un certain temps que nous supposerons d'abord être de 10 à 12 ans. En aliénant ainsi son capital, on se prive de tout produit pendant un certain temps, parcequ'on sait qu'après ce temps, on aura augmenté sa fortune de la différence entre le capital versé et la somme à toucher. Mais la somme que l'on débourse aujourd'hui si au lieu de l'employer dans une spéculation sur l'avenir, on la suppose placée au même taux chez un banquier; (l'hypothèse est admissible pour le laps de temps que nous considérons) cette somme sera productive d'intérêts composés qui viendront s'ajouter au capital et l'augmenter d'année en année. On est donc forcé de conclure, en tant que l'on reste dans les limites de durée d'une spéculation ordinaire; que toute opération d'escompte doit se faire aux intérêts composés.

Que si la spéculation que l'on embrasse nous oblige par sa nature, à porter nos prévisions au delà du terme ordinaire des entreprises humaines, il est juste de tenir compte de toutes les chances à courir, en escomptant des résultats aussi éloignés et partant aussi incertains, par l'emploi de celle des deux formules qui engage le moins la fortune du spéculateur. C'est donc encore la formule des intérêts composés qu'il faudra employer dans ce cas.

Nous croyons donc que dans toutes les circonstances possibles, les opérations d'escompte et de capitalisation doivent se faire aux intérêts composés.

Si maintenant on veut appliquer la formule des intérêts composés à l'estimation des forêts en fonds et superficie, le simple bon sens nous indique que le taux d'intérêt à employer dans les calculs doit être évidemment le même que celui des placements en fonds de bois dans la localité.

Dans le cas spécial où il s'agit de cantonner les droits d'usage dont une forêt est grévée, les Tribunaux s'accordent assez généralement à prescrire l'emploi du taux de 5 p% dans la capitalisation de l'émolument usager, et plusieurs fois aussi, ils ont admis l'emploi du même taux dans les calculs de capitalisation et d'escompte relatifs à l'estimation de la portion de forêt à abandonner en toute propriété à l'usager. Cette doctrine nous paraît équitable lorsqu'elle s'applique au cantonnement des droits de communes usagères dans les forêts domaniales, parceque les communes faisant partie de l'État, étant sous la tutelle de l'État, et ne pouvant, comme les particuliers, réaliser la valeur de la propriété qui leur sera cédée pour se créer, par le placement de capital à 5 p%, un revenu équivalent à leurs droits, il est juste que l'État leur assure par le cantonnement, un revenu égal à celui dont elles jouissaient antérieurement. Mais lorsqu'il s'agit de cantonnements dans lesquels un particulier intervient, soit comme usager, soit comme propriétaire, les mêmes raisons n'existent plus pour justifier la libéralité du propriétaire envers l'usager. Dans ce cas en effet, il nous semble qu'après avoir capitalisé l'émolument usager au taux légal de 5 p%, le propriétaire est autorisé par la loi elle-même, à employer le taux des placements en fonds de bois dans les calculs relatifs à l'estimation de la portion de forêt à abandonner aux usagers, puisque la loi le force à se servir de cette monnaie pour se libérer, c'est-à-dire à donner aux usagers une propriété qu'il a achetée ou qu'il pourrait vendre au prix de son revenu capitalisé au taux ordinaire des placements de même nature dans la localité.

V. Conclusion.

Le système d'estimation qui vient d'être exposé peut-il s'appliquer à toute espèce de forêt, quels que soit la nature de son peuplement et le mode d'exploitation auquel elle est soumise? Nous le pensons. Et d'abord, pour les taillis simples et pour les futaies régulières, l'affirmative saute aux yeux. Ces forêts en effet ne sauraient être composées que de cantons, dont les uns ont atteint ou dépassé l'exploitabilité commerciale qui convient à chacun, et dont les autres ne sont point encore parvenus à ce terme. Pourvu donc que sur le terrain, les nuances d'âge et de consistance soient suffisamment délimitées, et leur contenance calculée exactement, l'estimateur ne rencontrera aucune difficulté sérieuse dans son opération. (Ann. forest. T. V p. 269.)

Quant aux taillis composés et aux futaies jardinées, dans lesquels les arbres exploitables sont dispersés parmi les jeunes bois, il y aura lieu d'examiner :

1° Dans quel délai ces arbres pourront être exploités ;

2° Quel sera le dommage qui en résultera pour le sous-bois ;

3° Enfin, si, après cet enlèvement, le sol restera suffisamment garni pour que le sous-bois puisse prospérer jusqu'à son exploitabilité, ou si, au contraire, il sera nécessaire de recourir à un repeuplement artificiel général ou partiel.

Dans ce dernier cas, on le conçoit, l'évaluation des frais qu'occasionnera le repeuplement devra être assez élevée pour tenir compte des chances de non réussite.

Art. 2. Applications.

1re Hypothèse.

La culture du sol en nature de bois doit être conservée, et la forêt devra être constamment traitée d'après les principes de l'économie forestière. — Telles sont les forêts que tout propriétaire impérissable veut conserver ou voudrait acquérir.

I.

Lorsqu'une forêt est soumise à un aménagement régulier, lorsqu'elle est exploitée suivant le mode de traitement et à la révolution qui conviennent le mieux à ses exigences propres et aux intérêts du propriétaire, sa valeur actuelle en fonds et superficie est égale au revenu net qu'elle procure annuellement, capitalisé au taux des placements en fonds boisés dans la localité.

II.

Si au contraire cette forêt est exploitée à une révolution trop courte ou trop longue, sa valeur actuelle ne peut plus se déduire du revenu qu'elle donne aujourd'hui, mais du revenu qu'elle donnerait si elle était soumise à une révolution convenable. Dès lors, l'opération qui servira de base à l'estimation de cette forêt sera la fixation de la nouvelle révolution. Supposons cette nouvelle révolution déterminée, et admettons d'abord qu'elle soit plus longue que celle adoptée jusqu'à présent.

De deux choses, l'une ; ou l'on continuera à exploiter régulièrement, sauf à diminuer le chiffre de la possibilité en raison de l'augmentation de la révolution ; ou bien on suspendra les exploitations jusqu'à ce que les bois les plus vieux aient atteint le nouveau terme d'exploitabilité.

Dans le premier cas, la valeur actuelle de la forêt sera égale :

1° Au revenu net capitalisé que donneront les bois actuellement sur pied, pendant la 1ère révolution, revenu qui sera déterminé par la nouvelle possibilité. Ce premier capital exprimera la valeur actuelle de la superficie.

2° Au revenu net capitalisé et escompté pour le moment actuel, que donnera la forêt après l'entière régénération des peuplements existants. Ce second capital exprimera la valeur actuelle du fonds.

Si, au lieu de continuer les exploitations, on veut attendre que les bois actuellement les plus vieux, aient atteint le nouveau terme d'exploitabilité, la valeur de cette forêt sera égale:

1°. Au revenu net, capitalisé, et escompté pour le moment actuel, que donnera la forêt à partir du jour où les exploitations reprendront, jusqu'à la fin de la première révolution. C'est parconséquent, un capital correspondant à un revenu qui ne commencera à être perçu qu'après un temps déterminé et qui ne devra durer qu'un temps limité. Ce revenu sera déterminé d'après le chiffre de la possibilité, calculée suivant les conditions de la question. Ce premier capital fera connaître la valeur actuelle de la superficie.

2°. Au revenu net et continu capitalisé et escompté pour le moment actuel, que donnera la forêt après l'entière régénération des peuplements existants. Ce second capital exprimera la valeur actuelle du fonds.

111.

Supposons maintenant que la nouvelle révolution doive être plus courte que celle à laquelle la forêt est actuellement soumise.

On commencera par séparer les bois qui ont atteint ou dépassé le terme de la nouvelle exploitabilité d'avec ceux qui ne l'ont pas encore atteint; puis, procédant séparément à l'estimation de chacune de ces deux parties, la valeur actuelle de la forêt sera égale:

1°. Au revenu net capitalisé, que donneront les bois actuellement exploitables, à partir d'aujourd'hui jusqu'au moment où ces bois seront entièrement exploités. C'est parconséquent, un capital correspondant à un revenu annuel qui commence aujourd'hui ou dans un an et qui ne durera qu'un certain temps. Le revenu sera déterminé d'après le chiffre de la possibilité des bois exploitables, calculée pour le nombre d'années qui sera jugé nécessaire pour assurer la vente de ces bois à un prix convenable.

2°. Au revenu net capitalisé et escompté pour le moment actuel, que donneront les jeunes bois à l'époque de leur exploitation. Si la régénération ou l'exploitation de ces jeunes bois se fait d'une manière continue, le revenu sera déterminé d'après le chiffre de la possibilité. Si au contraire, la nature, l'âge ou la consistance des peuplements actuels exige que leur exploitation ait lieu d'une manière discontinue, le produit de chaque parcelle délimitée sur le terrain sera calculé séparément pour l'époque de son exploitation, puis capitalisé et escompté pour le moment actuel.

Ces deux premières sommes réunies exprimeront la valeur actuelle de la superficie.

3°. Au revenu net et constant capitalisé et escompté pour le moment actuel, que donnera la partie de la forêt qui renferme les bois exploitables, après l'entière régénération des ces bois. Le revenu sera périodique ou continu, il se composera d'une ou de plusieurs sortes de produits, et les époques auxquelles on commencera à réaliser ces produits seront déterminées d'après les combinaisons du nouvel aménagement.

4°. Au revenu net et constant capitalisé et escompté pour le moment actuel, que donnera la partie de la forêt qui renferme les jeunes bois, après l'entière régénération de ces bois. Le revenu sera annuel ou périodique et se déterminera en bloc pour toute cette partie de la forêt, ou séparément pour chaque parcelle, suivant les combinaisons du nouvel aménagement.

Ces deux dernières sommes réunies feront connaître la valeur du fonds.

Nota. — Dans les applications qui précèdent nous avons supposé le revenu variable, par suite de la nécessité de changer la durée de la révolution. On suivrait une marche analogue pour résoudre le problème, si la variation du revenu devait être attribuée à tout autre motif.

Deuxième hypothèse.

La forêt à estimer peut être traitée à volonté, mais cependant le sol doit continuer à être cultivé en nature de bois. - Telles sont les forêts que l'État pourrait aliéner sans faculté de défricher, ou bien les portions de forêt qui pourraient être cédées à des usagers, à titre de cantonnement &c.

S'il s'agit d'une forêt domaniale à aliéner, l'agent forestier qui opérera au nom et dans l'intérêt de l'État, se trouvera nécessairement dans l'une des situations que nous avons précédemment examinées, et devra procéder à l'estimation de la propriété en suivant une marche analogue à celle que nous avons tracée plus haut. Mais comme la forêt pourra être traitée à volonté, l'estimateur devra plus particulièrement se placer au point de vue de l'acheteur, et considérant la forêt, non plus comme une propriété d'utilité publique, mais comme un objet de spéculation, il déterminera la plus grande valeur commerciale tant du matériel existant que du fonds de terre considéré comme sol forestier.

On opérerait encore de la même manière, si on était appelé à estimer une portion de forêt qui dût être abandonnée à des usagers à titre de cantonnement de leurs droits d'usage, quelle que fut d'ailleurs la qualité des usagers. En ce qui concerne les usagers considérés, ut singuli, il est clair que le cantonnement les rendra propriétaires au même titre que les autres particuliers, et qu'une fois nantis de la partie de forêt qui leur aura été abandonnée, ils seront libres d'en tirer tel parti qu'ils voudront, pourvu qu'ils maintiennent la culture de leur propriété en nature de bois. Donc la règle précédente s'applique parfaitement à l'estimation de la portion de forêt qui doit leur être abandonnée pour le rachat de leurs droits.

Mais si l'usager est une commune ou un établissement public, la portion de forêt dont il va devenir propriétaire sera administrée par les agents forestiers de l'État et conformément aux principes de l'économie forestière; parconséquent cette portion de forêt à estimer ne se trouve plus dans les conditions de la 2e hypothèse

L'objection est juste au fond, mais la loi n'établit pas de distinction entre les qualités de l'usager en ce qui concerne les bases du cantonnement, et quoique tous les usagers ne puissent jouir de la même manière de la partie de forêt qui doit leur être cédée en toute propriété pour le rachat de leurs droits, l'estimateur n'a pas à tenir compte de cette différence. On sait en effet que quelle que soit la qualité de l'usager, l'opération du cantonnement consiste à détacher de la forêt grévée, une partie telle que si on voulait la vendre immédiatement, on pût en trouver un prix égal au droit capitalisé. Par conséquent l'opération en elle même rentre bien dans les conditions de notre 2me hypothèse.

Cette manière d'estimer s'appliquerait évidemment encore à toutes les forêts particulières que le défrichement ne peut atteindre.

Troisième hypothèse.

Le sol peut être utilisé à la volonté du propriétaire, soit qu'il continue à y élever du bois, soit qu'il veuille le cultiver comme champs, comme pré, &ª. Telles sont les forêts que l'État pourrait aliéner avec la faculté de défricher.

Si le droit de défricher est une condition de la vente, l'estimateur doit d'abord rechercher la valeur de la forêt en fonds et superficie, comme si elle devait rester boisée et être traitée à volonté. Puis il calculera la plus value qui résultera du défrichement du sol et de sa transformation en terre arable, pré &ª et ajoutera cette plus value au capital représentatif de la valeur de la forêt. Il est bien entendu qu'il sera tenu compte des frais que le changement de culture occasionnera.

Art: 3me

Exécution des calculs.

Pour abréger les calculs auxquels peut donner lieu la solution des questions qui ont pour objet l'estimation des forêts en fonds et superficie, Cotta a construit des tarifs dont on trouver l'explication dans le 2e volume du traité d'aménagement de M^r^ De Salomon. Au moyen de ces tarifs dans la construction desquels l'unité a été prise partout pour base, tous les calculs relatifs au jeu des capitaux fonctionnant à intérêts simples ou composés peuvent se réduire à de simples multiplications.

Dans les formules génératrices de ces tarifs, on a désigné par n le nombre d'années portant ou ne portant pas intérêt; par t le taux de placement, et par x, la valeur correspondante de l'unité.

Tarif 1.

Ce tarif indique comment s'accroît l'unité placée à intérêts simples ou composés pendant un nombre d'années déterminé. Le capital constant qui a servi à construire ce tarif, étant l'unité, il suffira, pour l'appliquer à une somme quelconque d'unités de même espèce, de multiplier cette somme par le coefficient des tables, correspondant au nombre d'années pendant lequel la somme a été placée.

Dans la formation de ce tarif, on a supposé que les intérêts acquis au capital, ne s'ajoutent à ce capital qu'après l'entière expiration du nombre d'années que l'on considère.

Les formules génératrices de ce tarif sont :

1.° pour les intérêts simples. . . . . . $x = \frac{1+(n-1)t}{100}$

2.° pour les intérêts composés. . . . . . . $x = \left(\frac{100+t}{1000}\right)^{n-1}$

D'où il suit qu'en donnant successivement à $\underline{n}$ les valeurs 2. 3. 4. &c.^a^ pour une valeur constante de $\underline{t}$, on obtient pour la valeur correspondante de $\underline{x}$, ce que devient l'unité augmentée de ses intérêts après une année, deux années, trois années &c.^a^ de placement.

On voit, d'après la construction de ce tarif, que pour savoir ce que vaut l'unité placée à intérêts pendant 3 ans, il faut chercher ce produit en regard du nombre 4, porté dans la colonne des années; de même que pour savoir ce que vaut l'unité placée à intérêt pendant un nombre quelconque n d'années, il faut chercher ce résultat en regard du nombre $(n+1)$ porté dans la colonne des années.

Tarif II.

Le tarif II indique la valeur actuelle de l'unité payable après un certain nombre d'années. C'est donc un tarif d'escompte. L'emploi de ce tarif consiste à multiplier la somme à escompter par le coefficient correspondant à l'année au commencement de laquelle cette somme est payable.

Les formules génératrices de ce tarif, sont les suivantes :

1.° Pour les intérêts simples .... $x = \frac{100}{100+nt}$

2.° Pour les intérêts composés ..... $x = \left(\frac{100}{100+t}\right)^n$

Nota : — Ce que nous avons dit précédemment de la formation du tarif I s'applique également au tarif II. Ainsi, pour connaître la valeur actuelle de l'unité payable dans 3 ans, il faut chercher ce nombre en regard du nombre 4 porté dans la colonne des années. Et en effet, si pour une valeur constante de t, on donne successivement à n les valeurs 1, 2, 3 &.a on trouve les résultats correspondants aux nombres, 2, 3, 4 &.a porté dans la colonne des années.

Remarquons en outre que dans la formation du tarif II, on a pris l'escompte en dedans, tandis qu'il est d'usage dans le commerce français de prendre l'escompte en dehors. Ainsi à ne considérer que le taux de 5 p% intérêts simples, le tarif II donne pour la valeur de l'unité escomptée pour un an 0,95238, au lieu de 0,95000 que l'on obtiendrait en employant l'escompte en dehors.

Tarif III.

Le tarif III donne le capital équivalent à un revenu égal à l'unité payable à des époques périodiques, par exemple, tous les 5 ans, tous les 10 ans &.a en supposant que le revenu commence à être perçu à l'expiration de la 5.e, de la 10.e année &.a

On se sert de ce tarif pour calculer la valeur actuelle d'un capital équivalent à un revenu périodique, en multipliant ce revenu par le coefficient correspondant au nombre d'années de la période.

Les formules génératrices de ce tarif sont :

1° Pour les intérêts simples ..... $x = \frac{100}{nt}$

2° Pour les intérêts composés .... $x = \frac{1}{\left(\frac{1+t}{100}\right)^{n-1}}$

Tarif IV.

Le tarif IV donne le capital équivalent à un revenu continu égal à l'unité, que l'on ne commence à toucher qu'après un nombre d'années déterminé.

L'emploi de ce tarif consiste à multiplier le revenu par le coefficient correspondant à l'année à l'expiration de laquelle on commencera à le percevoir.

Les formules génératrices de ce tarif sont :

1° Pour les intérêts simples —— $x = \frac{100}{100+(n-1)t} \times \frac{100}{t}$

2° Pour les intérêts composés —— $x = \frac{1}{\left(\frac{100+t}{100}\right)^{n-1}} \times \frac{100}{t}$

Tarif V.

Ce tarif sert à calculer le capital correspondant à un revenu égal à l'unité qui ne doit durer qu'un certain temps. C'est un tarif d'escompte.

Il y a deux cas à considérer : 1° Lorsque le revenu commence au début de la 2e année, l'emploi du tarif consiste à multiplier le revenu par le coefficient de l'année à l'origine de laquelle le revenu cesse ; 2° Lorsqu'on ne doit commencer à toucher le revenu qu'après un certain nombre d'années, le coefficient par lequel on doit multiplier le revenu pour avoir le capital cherché s'obtient en retranchant le coefficient de l'année à laquelle le revenu commence, du coefficient de l'année à l'origine de laquelle le revenu doit cesser.

Les formules génératrices de ce tarif sont :

1° Pour les intérêts simples — $x = \frac{100}{100+t} + \frac{100}{100+2t} + \cdots\cdots + \frac{100}{100+(n-1)t}$

2° Pour les intérêts composés — $x = \frac{100}{t}\left\{1 - \frac{1}{\left(1+\frac{t}{100}\right)^{n-1}}\right\}$

Nota — Le tarif V peut se remplacer dans son emploi par le tarif II, et, comme dans celui-ci, l'escompte y est pris en dedans.

Art. 4me

Remarques diverses sur l'emploi des tarifs.

1

Lorsqu'on emploie le tarif V, pour déterminer le capital correspondant à un revenu qui peut être perçu immédiatement et qui doit durer un nombre n d'années, on prend le coefficient vis-à-vis le nombre n porté dans la colonne des années et on augmente ce coefficient d'une unité. Par exemple, soit un revenu R à percevoir annuellement cinq fois, et supposons qu'on commence à le toucher immédiatement, au taux de 3 p %, intérêts composés, le tarif II donne pour la valeur du capital correspondant.

$$R+(0,97087+0,94259+0,91514+0,88849+)\times R=R(1+3,71709)$$

soit par le tarif II — $R\times 4,71700$

et par le tarif V — $R+R\times 3,71710=R\times 4,71710$.

résultats semblables aux dernières décimales près.

II.

Lorsque le revenu ne commence à être perçu qu'après l'expiration de la 1re année, on doit prendre le coefficient en regard du nombre $n+1$ porté au tarif V dans la colonne des années, et l'on a pour résultat — $R\times 4,57971$ —

La vérification par le tarif II donne pour le capital correspondant

$$R(0,97087+0,94259+0,91514+0,88849+0,86261)=R\times 4,57961.$$

III.

De même, lorsque le revenu commence à être perçu au commencement de la n^e année pour durer ensuite pendant m années, on prend pour coefficient, la différence entre le coefficient correspondant à la $m+n-1^{ème}$ année et le coefficient correspondant à la $n-1^{ème}$ année. Par exemple, le revenu commence avec la 8ème année et dure 4 ans.

Le tarif V donne pour le capital - $R(8,53020-5,41719)=R\times 3,11301$

Le tarif II donne - id - $R(0,81309+0,78941+0,76641+0,74409)=R\times 3,11300$.

IV.

Mais si le revenu ne doit commencer à rentrer qu'après l'expiration de la n^e année on prend pour facteur, la différence entre le coefficient correspondant à la $m+n^e$ année et le coefficient correspondant à la n^e. Par exemple le revenu commence après la 8e année et dure 4 ans.

Le tarif V donne $R(9,25262-6,23028)=R\times 3,02234$.

Le tarif II donne $R(0,78941+0,76641+0,74409+0,72242)=R\times 3,02233$.

Fin.

Table analytique des matières.

Chapitre premier.
Définitions.

Chapitre deuxième.
Abatage des bois.

Chapitre troisième.
Débit et façonnage des bois dans les coupes.

Chapitre cinquième.

Des qualités et des défauts des bois en général.

Chapitre sixième.

De la conservation des bois.

Chapitre septième.

Du mesurage, du cubage et du mode de vente des bois abattus et débités dans les coupes.

Chapitre neuvième.

De l'estimation en matière des bois sur pied.

Fautes essentielles à corriger.

Page	Ligne			
1	30	commune	lisez	communes
4	22	des	id.	les
4	26	la la	id.	la
6	23	lient	id	lie
8	24	-tives	id	-ves
9	24	laquelles	id	laquelle
13	30	des	id	de
29	27	débitées	id	débités
33	2	28 juillet	id	2 juin
33	15	1ET_1088	id	1ET_108
		Nota _ Les N.os des pages 36, 32, 34 et 35 doivent être remplacés par les N.os 34, 35, 36 et 37.		
39	16	interressant	lisez	intéressant
40	2	œil	id	œil
41	17	le tableau précédent	id.	les tableaux précédents.
52	3	banquières	id	bauquières
54	32	recettes	id	recette
55	27	S	id	S 1
61	18	ent	id	entre
62	6 et 12	4°	id	4°
62	25	offrirent	id	offrir
65	14	mètre	id	mètres
65	33	de la	id	delà
67	16	de la hache	id	de hache
70	15	débitée	id	débité
73	1	plus récentes	id	les plus récentes
87	11	qu'il ne faut pas confondre avec	lisez	qui nous paraît être le même que
91	23	mourir	lisez	mourir
91	31	percée	id	percé
93	19	enlevée sur pied pour	id.	enlevée pour
93	21	voituré	id	transporté
94	12	des	id	de

page	Ligne					
94	14	de	———	lisez	———	des
96	14	certain	———	id	———	certains
97	4	combustible	———	id	———	combustibles
98	28	calles	———	id	———	cales
99	18	immergue	———	id	———	immerge
102	2	Du mode de	———	id	———	De la
113	2	pour le	———	id	———	pour que le
118	14	s'obstient	———	id	———	s'obtient
123	31	calcul	———	id	———	cacule
129	7	longuailles	———	id	———	longailles
128	22	4300	———	id	———	4350
131	33	art IV, art. pages	———	id	———	Chap. IV. Art. 1er p. 37.
142	1	centimètres	———	id	———	centimètre
153	17	permettent	———	id	———	permet
155	17	calcul	———	id	———	calcule
155	31	probable	———	id	———	probables
157	3	déterminera	———	id	———	détermine
157	5	appliquera	———	id	———	applique
161	3	foissonnent	———	id	———	foisonnent
171	2	l'ans	———	id	———	l'avons
187	2	plutôt	———	id	———	plus tôt
191	26	de capital	———	id	———	de ce capital
192	17	composées	———	id	———	com[illegible]

www.ingramcontent.com/pod-product-compliance
Ingram Content Group UK Ltd.
Pitfield, Milton Keynes, MK11 3LW, UK
UKHW020453200726
13857UKWH00002B/685